动物原来是这样
鸟的智慧 ②

蔡琳杉 / 编著

上海科学普及出版社

图书在版编目（CIP）数据

鸟的智慧. 2 / 蔡琳杉编著. -- 上海：上海科学普及出版社，2015.1
（动物原来是这样）
ISBN 978-7-5427-6135-4

Ⅰ.①鸟… Ⅱ.①蔡… Ⅲ.①鸟类－普及读物 Ⅳ.①Q959.7-49

中国版本图书馆CIP数据核字(2015)第116213号

鸟的智慧2

蔡琳杉　编著

出版发行　上海科学普及出版社
邮　　编　200070
地　　址　上海市中山北路832号
网　　址　http://www.pspsh.com
经　　销　新华书店
印　　刷　三河市汇鑫印务有限公司
开　　本　720毫米x1000毫米　1/16
印　　张　8
字　　数　100千字
版　　次　2015年1月第1版
印　　次　2015年1月第1次印刷
书　　号　ISBN 978-7-5427-6135-4
定　　价　24.80元

目录

击鼓驱虫的森林医生——啄木鸟 1

诱惑敌人的睡神——三声夜鹰 5

巧用大嘴的聪明鸟——凹嘴巨嘴鸟 8

在仙人掌上安家的化学家——鹩鸟 10

会建漂亮房子的建筑师——织布鸟 13

让蚂蚁帮忙杀虫的鸟儿——松鸦 15

懂得守株待兔的空中屠夫——红尾伯劳 17

会伪装的低调者——小苇鳽（jiān）...................19

会讲外语的语言家——大盘尾鸟 21

会潜水的"水乌鸦"——褐河乌 23

三级跳专业运动员——鹪鹩（jiāo liáo）...................26

小小采蜜者——蜂鸟 28

从容淡定的"臭"绅士——戴胜 31

目录

送礼物搞浪漫的爱情鸟——双角犀鸟..................34

会找保姆照顾孩子的食蜂者——蜂虎..................36

厉害的狩猎鸟——林翡翠..................40

会挖隧道的蓝耳朵工程师——蓝耳翠鸟..................42

分工合作的变色鹰——夜鹰..................44

懂得利用时机的幽冥雷达——油鸱（chī）..................46

天生的室内设计师——织巢鸟..................48

富有奉献牺牲精神的强者——麝（shè）雉..................51

爱化妆的美丽鸟——火烈鸟..................54

会制造地震的捕鱼能手——鹈鹕（tí hú）..................56

懂得翻新鸟巢的防敌专家——黄嘴白鹭..................60

会报时的舞者——戴冕鹤..................62

目录

不讲理的空中强盗——军舰鸟 64

能转晕敌人的捕鱼专家——海鹦 67

夜间捕食的农田守护者——董鸡 70

与鳄鱼合作的表演家——金鸻（hēng）................72

会用声纳探路的飞行者——金丝燕 74

野外生存的能手——非洲秃鹫（jiù）................76

善于谋事的智者——鹊鹞（yào）................80

善用手段的智者——白头鹞 82

会生活的小宝贝——花头鸺鹠（xiū liú）................84

不能惹的"猎人"——游隼 87

注重实际的鸟儿——黑翅鸢（yuān）................89

智能降温的精明者——红头美洲鹫 91

目录

倾斜飞行的高手——双齿鹰 93

懂得扬长避短的王者——安第斯神鹰 95

以"脚"行走天下的独行侠——非洲鬣(liè)鹰......97

生活中的强者——苍鹰 99

会拼才会"赢"——雀鹰 102

高速俯冲的能手——金雕 104

用声音当武器的小家伙——鬼鸮 107

身穿白大衣的"天使"——雪鸮 110

善在高空盘旋的飞行者——蛇雕 114

强盗头领——白头海雕 116

守株待兔的猛禽——食猿雕 118

厉害凶猛的飞行家——普通鵟(kuáng) 120

鸟的智慧 2

啄木鸟

类目：鸟纲䴕（liè）形目啄木鸟科

体长：15～30厘米

击鼓驱虫的森林医生

啄木鸟还有一个很好听的名字，叫"森林医生"，它是世界上最常见的留鸟，在中国分布较广的种类主要有两种：绿啄木鸟和斑啄木鸟。由于啄木鸟食量大和活动范围广，在13.3公顷的森林中，如果有一对啄木鸟栖息，只需一个冬天就可以啄食90%以上的吉丁虫，啄食80%以上的天牛。

● 害虫逃不过我的舌头

啄木鸟的舌头可谓是一种"弹簧刀式装置"，平时细长的舌头不是放在嘴里，而是绕在头部，一旦需要可弹出嘴外长达12厘米！这样，害虫藏得再深也躲不过它的攻击。同时，啄木鸟的舌头能分泌胶性的液质，把树洞里的小虫粘出来。什么？你怕它粘不干净？没关系，它还有一招：钩。没错，啄木鸟的舌尖上长有小细钩呢。如此一粘，二钩，看害虫还往哪里逃。

动物原来是这样

● "击鼓驱虫"外加"守株待兔"

当啄木鸟发现虫子躲藏在树干深部的通道中时,它会巧施"击鼓驱虫"的妙计,用嘴在通道处敲击,发出特殊的、使害虫产生恐惧的声音。害虫在声波的刺激下会晕头转向,四处窜动,往往企图逃出洞口,恰好被等在洞外的啄木鸟擒而食之。哈哈,守株待兔,得来全不费功夫!

● 我有警卫队长

当啄木鸟在啄树寻虫时,山雀总是跟在后面,边吃啄木鸟的"剩饭"边歌唱。如果山雀突然闭口不言,那一定是有情况了,专心啄食的啄木鸟马上就明白是它们的敌人来了,随后就会快速躲藏起来。别以为啄木鸟会让山雀白吃白喝,它这是在培养自己的哨兵咧。与人分享,利人利己。这个森林医生果然很聪明呢!

● 我从来不得"脑震荡"

啄木鸟每天敲击树木约为500~600次,啄木的频率极快,天天受这样剧烈的震动,换谁都该得脑震荡了,但是啄木鸟竟然没事。原来,啄木鸟的头上至少有三层防震装置,它的头骨结构疏松而充满空气,头骨的内部还有一层坚韧的外脑膜,外脑膜和脑髓之间有一条狭窄的空隙,里面充满了液体,减低了震波的传动,起到了消震的作用。工地上工人叔叔安全帽的设计就是从啄木鸟那里学来的呢!

鸟的智慧 ②

● 我的脚丫不怕冻

啄木鸟属于留鸟，冬天不会迁徙，可是，啄木鸟的脚上没有毛可以御寒，冻伤了怎么办？为了防止自己的小脚不被冻伤，啄木鸟用一层鳞皮包裹着脚上的骨头和筋腱，这样就不会被冻伤了。除此之外，啄木鸟还能通过调节体内的血管冷却舒张来阻止大量的血液流向脚或头部，这样就可以减少热量的散发。所以，即使在寒冷的冬季，啄木鸟也不怕冻坏脚丫。

动物原来是这样

● **我逃了,你们继续争吧**

啄木鸟的智商非常高,它同时遭到两只猛禽袭击时,会选择在一个比较宽敞的木桩上停留。不为别的,在这样的木桩上更容易被两只猛禽同时发现。两只猛禽发现了啄木鸟,随之而来的就是两个家伙的争斗,趁它们打架的时候,啄木鸟会赶紧悄悄地钻入木桩下面一动不动。两个大家伙打了半天发现猎物没影了,于是就站在木桩上左瞧瞧右看看,就是找不到啄木鸟,它们哪里知道,其实啄木鸟就在它们脚下呢!

鸟的智慧❷

动物档案

三声夜鹰

类目：鸟纲雀形目夜鹰科

体长：15~25厘米

诱惑敌人的睡神

三声夜鹰体长15~25厘米，翅膀颜色比较多，主要有褐色、淡黄色、黑色、灰色和白色，还带有明显的斑纹。当然，最具代表性的还是它的嘴巴，宽大的嘴巴上带有浓密的髯毛，就像男人的胡子一样。三声夜鹰主要的栖息地在北美洲东部，从新斯科舍到墨西哥湾都可以看到它们的身影。

● 看我贴树皮大法

由于脚部力量不足，三声夜鹰不能像其他鸟儿那样栖息在树上。既然不能站，那就选择坐着或躺着。白天，它不是蹲坐在地上，就是纵躺在大树枝上，那姿势极为舒适。然而，它们可不傻，万一天敌来袭，这样的姿势是要吃大亏的。所以，当它们在树上停栖时，身体就紧紧贴伏在树枝上，有如枯树节，敌人很难发现，俗称贴树皮。

● 过冬的时候像死鸟

曾经发生过一件和三声夜鹰有关的趣闻：科考队员们在山洞里发现了一只三声夜鹰，他们以为是死尸，却意外发现其眼睑微动，而后4年冬季继续观察，发现同一只鸟还是在同一窟窿内呈昏睡状态，有一年这情况长达88天，鸟的体温由正常状态下的41℃降至18℃。科考队员对它

动物原来是这样

的眼睛直接照光,也没有任何反应,使用听诊器也没听到心音。只有春回天暖时,这只鸟儿才恢复元气,开始活动。通过这次科考,人们发现了三声夜鹰的冬眠蛰伏秘密。原来,三声夜鹰又被印第安人叫做"睡鸟"。冬天它的食物来源几乎断绝,为了保持能量,于是就将身体温度降低,让自己的活动量降到最小,连心跳都缓慢下来直至几乎暂停,这样它不必在大冬天为食物而奔波,也不用担心被冻死。

● 迷惑猎物的连环绕

三声夜鹰常在夜间活动,黄昏开始就会很活跃,不停地在空中捕食蚊、虻、蛾等昆虫。飞行时,三声夜鹰两翅缓慢地鼓动,也能长时间地滑翔。在捕捉昆虫时,能够突然曲折地绕飞,它自己不晕,猎物先晕了,不知对手在何方,只能等着被吃掉了。三声夜鹰的这种独特飞行路线在科学界被称为"连环绕",很少有鸟儿能掌握这种本领。

鸟的智慧②

● 鸟中最洒脱的妈妈

比起其他鸟类的母亲，三声夜鹰妈妈要潇洒得多。它从不筑巢，而是将卵产在地面、岩石上、茂密的针叶林、矮树丛间、野草或灌木的下面。在它们眼里，最危险的地方也是最安全的地方。爱偷吃鸟蛋的蟊贼们总是将大部分精力放在寻找隐蔽处的巢穴，反而忽视了最容易发现的表面。而且，雌鸟和雄鸟对孵蛋之事极为上心。白天由雌鸟担任孵蛋员，晨昏由雄鸟接替。结果证明，它们独特的见解确实很对路，三声夜鹰种族的数量没有受到外界丝毫的影响。"孩子穷养更结实"还真是硬道理。

动物原来是这样

凹嘴巨嘴鸟

类目：鸟纲䴕形目巨嘴鸟科

体长：60厘米左右

巧用大嘴的聪明鸟

凹嘴巨嘴鸟是一种中型攀禽，外形与犀鸟相似，身长大约为60厘米。羽毛颜色主要是黑色或栗黑，咽喉和胸部为白色或者柠檬黄色，尾部的腹面带有红色，嘴主要以黑色为主，基部带有一圈天蓝色。凹嘴巨嘴鸟的舌比较长，喙缘好像锯齿一样，喙基的周围没有口须。眼皮一般是蓝色的。

● **我们的团队轮流站岗**

凹嘴巨嘴鸟栖息在热带雨林中，喜欢成群活动，因为它们的祖先很早就告诉它们，集体行动胜过单打独斗。在群体中，总有一只鸟担任哨兵，高度警惕地守卫在鸟群周围，这样不论同伴们玩得多么欢乐，也能及时发现敌人，防止被突然袭击。

● **吃饭？那是杂技表演**

如果你能有幸看到凹嘴巨嘴鸟进食，你会觉得自己是在看一场杂技表演。凹嘴巨嘴鸟以植物的果实和种子为食，它吃饭可不像有些鸟类用嘴啄食，而是将食物向空中抛起，然后张开大嘴准确地将食物接入喉咙，这样做的优点在于食物不用经过它长长的大嘴，大大简化了进食的过程，真是一个既灵巧又节省时间的绝妙方法。

鸟的智慧 2

● 我的大嘴用处多

巨嘴鸟有一个长而发达的五彩喙。它的大嘴看起来似乎进食不方便，但是巨嘴鸟却能用大嘴轻易地夹起植物的果实飞到很远的地方停下来，然后，用它像铡刀一样锋利的巨大的喙，轻易地切开美味的浆果，慢慢品尝。

动物原来是这样

䴕(liè)鸟

类目：䴕形目

体长：25~40厘米

在仙人掌上安家的化学家

䴕鸟的嘴非常锋利，可以凿木。长长的舌头可以伸缩自如，舌尖就像鱼钩一样，能够钩取树干中的蠹虫。尾巴一般是平尾或楔尾，羽轴不仅坚硬而且富有弹性，在䴕鸟攀树的时候可以起到支架的作用。脚丫短小但强壮，呈对趾型，第2、3趾向前，第1、4趾向后。雌雄都是这样。

● 借个"声音"好自卫

䴕鸟的雏鸟警惕性与自卫能力特别高。为了防止被捕猎者侵袭，它们从刚出生就开始发出一种独特的"嗡嗡"声。这种类似蜜蜂嗡鸣的声音可以对前来捕食的侵略者产生阻吓作用，让侵略者以为洞中有个马蜂窝呢，所以不敢轻易出击。

● 搞点化学好捉蚁

䴕鸟喜食蚂蚁，但蚂蚁身小隐秘，假如不刻意寻找，很难填饱自己的肚子，为此它们就把大部分时间消磨在觅食上了。经过多年的努力，䴕鸟早已经研究透了吃蚂蚁的妙招，而且由物理办法转到了用化学办法，蚂蚁可释放蚁酸，那么䴕鸟就释放呈碱性的黏性唾液，用以中和蚁酸。䴕鸟可真是蚂蚁的克星啊！

鸟的智慧 2

● 为了防止别人偷蛋，我把家安在仙人掌上

鸳鸟妈妈为了保证鸟宝宝安全出生长大，真是想尽了法子。鸳鸟妈妈不但喜欢刺激，还具有创新意识，它把自己的小家建在了高大的仙人掌巨人柱上！巨人柱可谓是鸳鸟的保护神，它们作为世界上最高大的仙人掌，生长在美国和墨西哥交界处。鸳鸟们每年在巨人柱的高处啄开新洞产卵，洞周围的针刺让想偷蛋的蛇无从接近。哼，想吃我的蛋，那你得先变成"筛子"！

动物原来是这样

● 把家安在蚁穴好处多

在选择洞穴地址时，鸳鸟可谓是煞费苦心，除了把家安在仙人掌上，有时它们也会把家安在蚁穴里，因为蚁穴的结构比较松软，便于动工。它们只要用坚固而锐利的喙基部敲三两下，就能将白蚁的巢穴改造成适合自己居住的洞了。白蚁见此情状气急败坏，却无可奈何，好吧，一起占用这块地盘，不过说好了，"互相尊重，互谅互让"。跟鸳鸟讲这些有时没用，因为鸳鸟可是把蚂蚁作为美食的，"让我不动你，除非我傻"。不过，你还别说，如果食物充足的时候，鸳鸟确实可以和白蚁做好邻居。因为蚂蚁的机警性很高，一旦有危险靠近，它们就会立即做出反应。如此看来，白蚁真是鸳鸟们免费的门卫了，这么便宜的事情上哪儿去找啊！

鸟的智慧 2

动物档案

织布鸟

类目：鸟纲雀形目织布鸟科

体长：10~20厘米

会建漂亮房子的建筑师

织布鸟在外形上与麻雀极为相似，嘴巴十分坚硬。大多数雄鸟一年中羽毛会呈现两种颜色，不繁殖期间的羽色与雌鸟一模一样；繁殖期间的雄性织布鸟的羽毛颜色一般为黑色和黄色。雄性成鸟的黑色羽毛上还有一些红色、橙色或者黄色。

● 防风要有压舱货

许多织布鸟都生活在环境恶劣的地方，比如撒哈拉边缘地带。大家都知道，沙漠里风暴侵袭是常有的事。所以织布鸟的鸟巢不仅要建得美观，更重要的是要建得牢固。为此织布鸟经常在自己的巢房里放上几块小石头，这就如同起到压舱货的作用。底盘牢固了，巢房自然不怕风吹雨打。

● 金鸡独立来建房

下面呢，织布鸟来教你怎样用脚和嘴巴，造一个受异性青睐的房子。首先，用结实的树皮纤维在树梢的枝叉上打一个结，作为整个巢的悬挂点。这个结一定要打结实，否则以后的工作随时都会前功尽

弃。然后，编织第一个圆环，一环扣一环地一圈圈编织。这个过程要嘴爪并用，用一只脚支撑身体，另一只脚协同嘴工作：穿、拽、扯紧，使得穿织的植物纤维紧致，不会松脱和滑脱。这是需要功夫的哦！最后，完善装修，漂亮的房子建成啦！

● 筑巢的技术是赢得"美人心"的关键

经验在织布鸟筑巢过程中起着重要的作用，所谓"熟能生巧"对它们正适用。编织巢的本领和速度也是雄性织布鸟争偶的本钱，雌性织布鸟是不会青睐那些笨手笨脚的异性的。

● 改造房屋防杜鹃

杜鹃最喜欢侵占别人的巢，为了不白白养这种害人精，织布鸟从房屋的设计入手，改变了以前的结构，把走廊加长再加长，把门口变窄再变窄，整个入口就成了一个狭长的"甬道"。这样的"深宅"设计，以杜鹃的体型，那是再减肥都别想进去了。走廊的外边有一个大敞的口，那是故意骗杜鹃做伪装用的。织布鸟啊，你说你的城府有多深！

鸟的智慧 2

动物档案

松鸦

类目：鸟纲雀形目鸦科

体长：约25～35厘米

让蚂蚁帮忙杀虫的鸟儿

松鸦是一种中型鸟类，体长约30厘米。翅膀短，尾巴长，羽毛松散呈绒毛状。头顶还有一簇羽冠，一旦遇到某种刺激，这簇羽冠就会立刻竖起来。多数的额和头顶呈红褐色，口角到喉侧有一些黑色颊纹。上体呈葡萄棕色，尾巴和翅膀为黑色，翅膀上带有黑、白、蓝三色相间的横斑，非常显眼，如果在野外遇到它，一眼就可以认出来。

● 我让蚂蚁来杀虫

松鸦不习惯用水洗澡，那它们怎样才能赶走寄居在身体上的寄生虫呢？它们会找蚂蚁来帮忙。松鸦小心翼翼地停在蚁窝上，故意拨弄蚁群，让那些愤怒的蚂蚁慌乱跑出来，围绕在它们身上，当蚂蚁慌乱的时候会释放蚁酸，这可是超有效的杀虫剂。松鸦就这样巧用蚂蚁，杀死或赶走寄生虫，享受免费洗澡的待遇。

● 我是分析大师

松鸦的学习能力是从自身的经验总结而来的。有个很著名的实验是这样的：一个只有半杯水的杯子里，漂浮着一种松鸦最爱吃的食物。杯子旁边的盘子里放有小石子和小木块。松鸦因为啄不到杯子里的食物，就叼起旁边的一个小木块丢进了水杯里，可因为木块小于水的密

动物原来是这样

度，所以杯子的水位并没有按照松鸦的预想上升，而松鸦也马上发现了这个问题。它再次将小石子丢进杯子里，果然水位升高了，几个石子下去后，那可口的食物就浮了上来："我不仅聪明，还会分析呢。"

● 吃不完我就送人

松鸦经常将吃不完的植物种子贮藏在地里，以便下次食用。但是因为它们的记性不太好，经常忘记储藏粮食的地方，所以，基于这种经验，它们不再总是想着吃不完就藏起来，而是将其送给其他松鸦或其他动物，这样不仅不会浪费粮食，而且还能落得个人情。"将欲取之，必先予之"，将来要是有什么事情求到人家，也好开口啊，这才是长远之道呢。

鸟的智慧 2

动物档案

红尾伯劳

类目：鸟纲雀形目伯劳科

体长：18~21厘米

懂得守株待兔的空中屠夫

红尾伯劳又叫做"褐伯劳"，身体长约为18~21厘米。上体呈棕褐或灰褐色，翅膀呈黑褐色，头顶呈灰色或红棕色。尾部颜色为红棕色，呈楔形。颔、喉部的颜色为白色，下体的其他部分为棕白色。

● **把昆虫挂在树枝上任我宰割**

红尾伯劳的咀嚼系统不发达，吃下太硬的东西会消化不良。于是，它发明了一种很特别的进食方法：当它捉到外壳较硬的昆虫时，就把昆虫挂在比较尖的树枝上，然后用嘴撕食这些昆虫的内脏和比较柔软的肉，剩下的硬壳就留在树枝上了。它们也因此获得了"空中屠夫"的名号。

● **最有耐心的鸟儿**

红尾伯劳非常有耐心，它们在捕猎时首先会选择一棵树或电线杆，站在树的顶端或电线上，静静地注视着周围的动静，等待猎物出现，一般的鸟儿只能等几分钟，可这个小家伙能坚持20分钟以上。一旦发现猎物，它们就会紧紧地盯着猎物，并暗自跟踪，时机成熟之后，会突然飞向猎物，将其拿下，不给猎物一丁点儿逃跑的机会。

动物原来是这样

● 遇到人类要淡定

当红尾伯劳发现有人类向它们靠近的时候，它们仍然能够保持镇定，并且用洪亮悠扬的声音传递信息："注意啦，有奇怪的家伙靠近啦！"然后，以百米冲刺的速度飞入茂密的树枝丛或灌木丛躲避起来，并且暗中注视着人类的一举一动，直到确定绝对安全之后，它们才会飞出来继续活动。

鸟的智慧 ❷

动物档案

小苇鳽（jiān）

类目：鸟纲鹳形目鹭科

体长：30～40厘米

会伪装的低调者

小苇鳽的嘴细而长呈黄色，基部为黑色，嘴锋两侧有沟。翅膀比较短，尾羽较宽。雄鸟的头顶、冠羽、枕部、背部、肩部至尾羽都是黑色的，并带有绿色的金属光泽，头侧、颈部和胸部呈栗色或葡萄色。腹部呈白色。雌鸟头侧和颈部为红褐色，翅膀颜色比雄鸟暗些，肩部为栗褐色，下体为皮黄色。

● 我是拟态高手

小苇鳽在长期的进化过程中，练就了一身十分了得的"拟态"本领。虽然动物中的拟态现象很多，但在鸟类中却比较少见。小苇鳽很少飞行，多在芦苇丛中通过，或在芦苇上行走。即使遇到危险它也不会立刻大动干戈，而是利用自己的保护色，玩起"拟态"绝技。它会伸起脖子一动不动，把自己伪装成一棵芦苇，不注意看根本看不见它，等你走近了，它觉得不跑不行了，才"咯咯"地惊起飞走了。

● 筑巢以低调为准则

小苇鳽的巢甚是简陋。它的巢常建于芦苇沼泽、湖边、水塘和水稻田边的芦苇丛和灌丛中，有时也建在小灌木上和树上。由于建筑材料有限，它的巢通常由大芒叶、草茎、枯树枝或竹枝构成。材料简陋

就不说了，还受到环境的严重限制，那构造总可以好一点嘛，装潢也可以搞一搞嘛！可是小苇鳽就是小苇鳽，人家玩的是低调，那巢的结构跟被捣毁的鸟巢惨状可相抗衡，室内装潢更是一点没有。但小苇鳽自己有说法：这样利于隐藏。好，一句话就够了。它，本来就低调，而它也最不易遇害。

● 每一个平静的外表下都有颗暴怒的心

紫背苇鳽性格孤寂而谨慎，是名副其实的"忍者"。它经常默默地、毫无声响地活动在芦苇沼泽地上或水域岸边。除繁殖交配期间的晚上会发出一种奇特的近似"gup—gup—gup—"的鸣叫声求偶外，平时都是不声不语的。你可不要认为它是逆来顺受，一旦发生危急的情况，它就会拼尽全力，用以进行自卫。

鸟的智慧 ❷

动物档案

大盘尾鸟

类目：鸟纲雀形目卷尾科

体长：40~60厘米左右

会讲外语的语言家

大盘尾鸟的体长大约为40~60厘米，加上延长的尾羽，大约为50厘米。身上的羽毛呈黑色，在阳光的照射下会泛着紫蓝色的金属闪光。头顶前额的羽毛非常发达成为一簇状羽冠，而最外侧的一对尾羽特别长，中部的羽干部分没有羽毛，形成"盘状尾"。大盘尾鸟主要分布在热带地区的雨林及季雨林中，飞行时拖着一条长长的尾巴，姿态优美，叫声清脆悦耳。

● 多掌握一门"外语"，求助效果好

大盘尾鸟抵御危险的能力极强，遇到危险从来都不会惊慌，只要向着天空大声地鸣叫几声，好多援兵就从各处飞来了。令人惊奇的是，援兵之中并非全部都是同类，还有很多其他鸟类，这是怎么回事呢？科学家根据研究发现，原来大盘尾鸟是一个语言专家，它至少能掌握六种向其他鸟类求救的信号，在遇敌时就会使用不同的语言进行求救。最令人惊讶的是它能够在面临不同危险的状况下，准确地辨别应该使用哪一种信号。

● 捕捉昆虫有妙招

小昆虫是大盘尾鸟喜爱的食物之一。在捕捉昆虫时，大盘尾鸟首先

动物原来是这样

会选择昆虫常出没的时间点，在昆虫途经的地方寻找一棵空旷处的孤树，站在其顶端，耐心地等待着小昆虫飞过。一旦发现目标，它会一动不动地将其盯紧，并暗自寻找出击的机会，然后突然发起攻击，将小昆虫收于腹中。

● 给宝宝做个小摇篮

大盘尾鸟爱子如命，生怕宝宝受半点委屈。单是婴儿房的建造，它们就煞费苦心。为了让宝宝住得更舒适，它们决定将做成一个小摇篮。经过一番调查，它们认为将婴儿房建在阔叶树顶端一些小的分枝枝杈上，是最为安全的，而且由于枝杈柔软，整个婴儿房就可以像摇篮似的随风摇摆。

鸟的智慧②

动物档案

褐河乌

类目：鸟纲雀形目河乌科

体长：约15~25厘米

会潜水的"水乌鸦"

褐河乌全身的羽毛都是深褐色。嘴为黑色，窄而直，嘴与头几乎是等长的，没有嘴须，但口角处有一些较短的绒绢状羽；鼻孔被膜遮盖；脚呈铅灰色；翅膀短小且呈圆形；尾巴比较短；跗蹠长而强，前缘具靴状鳞；趾、爪都比较强壮。雌雄的形态没有太大的区别，幼鸟与成鸟也非常相似，只是羽毛上带有一些斑纹。褐河乌一般生活在山涧河谷溪流露出的岩石上，沿着溪流贴近水面飞行。

● 遇敌淡定才是真理

对于鸟类来说，遇到敌人，第一反应就是发挥自己的飞行优势，三十六计"飞"为上！褐河乌却与众不同，它不仅飞得快，而且还能在飞的同时对自己所处的环境迅速做出分析，然后寻找逃跑的最佳时机。时机一到，它们立即采取沿河流水面而飞的"游击战术"，甩掉敌人的追踪。遇到河流转弯处，它们绝不会像其他的鸟类那样从空中抄近路，而是沿着河流与敌人进行周旋，一边飞，一边观察敌人的动静，并时刻准备着改变飞行方向，给敌人来个措手不及。

● 变身潜水艇好逃跑

在逃避敌人追击的时候，褐河乌除了会采用"游击战术"之外，

动物原来是这样

还懂得"潜艇式逃离法"。面对强大的敌人，尤其是那些非涉禽类的天敌，它们会选择在水面浮游或者"变成"一艘潜水艇在水底偷偷潜走。没错，这些聪明的家伙不仅飞得快，游得也不慢呢！这样的逃跑方式，让不会游泳或者水性不好的天敌干着急！

● 我是最优秀的"哨兵"

褐河乌在外出活动或觅食的时候，总会留一个成员负责警卫工作。只见这个"哨兵"时不时地抬头观察一下周围的动静，或是四处转转，看看是否有异常情况发生。如果一切都正常，它就用比较单调、清脆的"zhi——zhi——"或"zhina——，zhina——"的声音与战友交流。倘若遇到紧急情况，它立即就会顺着河流急飞并发出急促的"za．za．za．za……"声，通知同伴立即启动"一级警备"。等到警报解除后，就恢复"zhina——，zhina——"的声音告诉同伴。

鸟的智慧 2

● 寸步不离看住孩子

雏鸟慢慢长大能够离开巢时,褐河乌爸爸妈妈就会带领全家去附近河流的石头上进行"郊游"!爸爸妈妈带着幼鸟活动时,如果爸爸妈妈停落某个石头上,一般幼鸟也会跟着落脚,总之,褐河乌在出来之前,已经有了很明确的家规,幼鸟绝对不能"脱离"爸爸妈妈的视线范围!如此严密周到的保护措施,小褐河乌们肯定可以安全地玩耍啦!

动物原来是这样

动物档案

鹪(jiāo)鹩(liáo)

类目：鸟纲雀形目鹪鹩科

体长：10～20厘米

三级跳专业运动员

鹪鹩是一种肥胖但行动灵活的鸟。鹪鹩的体羽颜色是褐色或灰色的，翅膀和尾部分带有一些黑色条块。翅膀短而圆，尾巴短而翘。鹪鹩主要生活在热带地区、北美洲以及阿拉斯加等地区。

● 光明正大出去"泡妞"

鹪鹩可不像天鹅等鸟一样用情专一，雄鹪鹩是出了名的花花公子。鹪鹩爸爸经常趁着给孩子和老婆出去觅食的空隙与异性调情，它不但激情四射地跳起求偶舞，还会衔着一片花瓣去大献殷勤。最终它的努力没有白费，顺利地赢得了这位"小姐"的欢心，将其纳为"偏房"，回过头来继续照顾自己的儿。哎，真是个三妻四妾的花花公子！

● 雇个黄蜂防偷蛋

面对可恶的偷蛋贼，鹪鹩有保护蛋的好方法——与黄蜂为紧邻。在哥斯达黎加，你能看到每个鹪鹩巢几乎都离黄蜂超不过1米左右。所

鸟的智慧 ②

以，哪个胆大包天的偷蛋贼敢使坏，就必须做好遭受黄蜂"攻击"的准备。有了黄蜂这个免费的保镖，很多喜欢吃蛋的动物就不敢轻举妄动了。当然了，也有不怕黄蜂攻击的偷蛋贼，比如长鼻浣熊，它凭借着得天独厚的毛皮就那么大摇大摆地走来，然后将蛋宝宝吃掉。这时可怜的鹩哥只有看着干瞪眼的份，这毕竟吨位差得太多了。

● 不会飞，我就跳到树上去

鸟类选择在树上休息主要是因为有助于隐蔽，还能有效地防止不会爬树的天敌侵袭，从而让自己睡个香甜的安稳觉。可是鹩哥不会飞，却也将巢建在树上，它们是怎么上去的呢？原来每天到了休息时间，鹩哥都会按时按点地跑到树下准备它们的上树行动。它们的跳跃能力很强，准确地说它们更善于三级跳。先从这个树枝上跳到那个树枝上，再从那个树枝上跳到更高的树枝上，直到跳到一个最隐蔽最舒适的树枝上为止。

动物原来是这样

蜂鸟

类目：鸟纲雨燕目蜂鸟科

体长：5~20厘米

小小采蜜者

蜂鸟是世界上已知的最小鸟类，羽毛色彩鲜艳，通常为蓝色或绿色的，下体颜色较淡。有的雄鸟长有羽冠或者是修长的尾羽。雄鸟的毛色大多数为蓝绿色的，也有紫色的、红色或黄色。雌鸟的体羽一般较暗淡。蜂鸟的活动范围较广，从海拔4000米的安第斯山地到亚马逊河的热带雨林和干旱的灌木丛林，都有它们的身影。

● 我的嘴巴不一样哦

根据地理位置的不同，蜂鸟的喙长得也不一样。长喙的蜂鸟擅长吸食花蕊短小的花的花蜜，它们飞到花朵旁边，仿佛亲吻花朵一般将长喙伸入花蕊中食花蜜，又不会碰伤花朵；短喙蜂鸟则擅长吸食花蕊长的花朵的花蜜。

● 你听说过鸟类会冬眠吗

找到花蜜只是蜂鸟生活中的一部分，除了进食，保存能量也很重要。蜂鸟在无法进食的夜里，必须忍受好几个小时的饥饿，而且面临着能量耗尽，在睡梦中死亡的危险。所以当蜂鸟在夜里或不容易获取食物的时候，会调节身体各部分机能，降低新陈代谢的速度，进入一种类似于冬眠的状态，生物学家称之为"蛰伏"。在"蛰伏"期间，它

鸟的智慧 2

可以让心跳的速率和呼吸的频率变慢，以降低对食物的需求，同时不会有太饿的感觉。

● 我的记忆力堪比人类

为了能够赢得足够食物，蜂鸟训练出了惊人的记忆力，简直可以与人类媲美。蜂鸟在采食花蜜的时候，会有意识地记住自己曾采过哪些鲜花的蜜，并且能判断光顾这些花朵的大概时间，进而根据不同植物重新分泌花蜜的规律来寻找新的食物。它最多能分清楚八种不同类别鲜花的花蜜分泌规律。这样，当蜂鸟再次出动的时候，就能做到不去"骚扰"那些已经被自己采空的植物了。

动物原来是这样

● 整治我们的敌人

蜂鸟的领地是它向过路雌鸟炫耀的场所，除了雌鸟外，如果有其他鸟进入，它就会非常生气，甚至像大型鸟，比如乌鸦和老鹰猛冲到它的领地，它也会飞快地飞到大鸟的背上猛啄，直到它们离开它的领地。哼，别以为你们大就可以欺负人，我可不饶你！除了猛啄之外，蜂鸟（尤其较小的种类）还会发出刮擦声、喊喊喳喳或吱吱的叫声。但在作U形炫耀飞行中，翅膀发出嗡嗡、嘶嘶声或爆音，像其他鸟的鸣声，故意装出其他鸟的叫声来恐吓敌人。

● 找个靠山也不难

在选择筑巢地点时，蜂鸟经常将巢建在鸡鹰巢区。鸡鹰是个捕猎高手，许多动物都在鸡鹰的菜单里，比如松鼠、各种鸟类等。但是鸡鹰对蜂鸟却没有什么食欲，毕竟蜂鸟的个头实在是太小了。聪明的蜂鸟正是利用了鸡鹰对自己的仁慈心，将巢筑在鸡鹰的附近，有了这么一位靠山，别的动物轻易不敢靠近，蜂鸟大大提高了自己的安全性。

鸟的智慧 ❷

戴胜

类目：鸟纲佛法僧目戴胜科

体长：25～40厘米左右

从容淡定的"臭"绅士

戴胜是一种外形美丽的鸟儿，它的头、颈、胸均为淡棕栗色。羽冠的颜色稍微深一些，而且羽毛的外缘具有明显的黑色，头部后面的毛羽上零星点缀着些白色的斑点。胸部微带淡葡萄酒色。上背与翅膀都是棕褐色的。下背和肩羽呈黑褐色且夹杂着白色的羽端和羽缘。尾部的羽毛是黑色的，嘴巴和脚的颜色也是黑色的。

● 绅士的自卫妙招——防身毒气弹

戴胜在地上行走时颇有风度，头随着步伐一点一点的，节奏鲜明，活像一个头戴礼帽、体态潇洒、彬彬有礼、衣冠楚楚的绅士。可是再绅士的鸟儿遇到敌人也会慌不择路，狼狈逃窜，不过那可不是戴胜的做派，戴胜的宣言是"将绅士进行到底"！因为它有克敌制胜的武器——防身毒气弹。当它受到外来干扰时，会快速选准方向，然后从尾部喷出一种奇臭无比的棕色油状液体，将来犯者熏得再也不想靠近，随后自己不慌不忙地迈着绅士的步伐离开。

● 用臭气保护宝宝

如果森林中的鸟类来一个"懒惰大比拼"，那戴胜势必会成为冠军。雏鸟出生之后，它们不像其他鸟类那样及时地将雏鸟的粪便清理

掉,而是简单地将粪便堆积在巢内就不管了。难道戴胜真的是懒得无与伦比了吗?NO!这是它们用来保护宝宝,防止偷蛋贼偷袭的妙招。因为粪便长期堆积,会使整个巢内臭气熏天,这使那些爱吃鸟蛋的主儿再饿也不想来吃戴胜的蛋了。

● 保护宝宝,忧患意识是必须的

戴胜不但像其他的鸟那样会为宝宝做隐蔽的巢,还特别注意不暴露巢址。但是,给宝宝喂食总是要回去的,为了避免敌人跟踪,戴胜捕食后回巢喂食的飞行路线呈曲线,飞近时并不直接回巢,而是先停在旁边的树枝上,四处张望,在确认没有异常情况后才会落到巢口。喂食时戴胜并不进到洞里,只是探头给巢中的雏鸟喂食。喂食完成后马上飞走,并不停留。这是一种多么有忧患意识的鸟啊!

鸟的智慧 2

● 嘴脚并用找东西吃

戴胜特别喜欢吃藏在泥土中的昆虫、蚯蚓及螺类等，所以，在如何快速翻找出这些食物方面很有经验。只见戴胜不慌不忙地确定动手地点，然后用锋利的爪子将地面上的枯枝落叶挠开，接着再用它那又长又弯的嘴翻掘泥土，并且一边掘土，一边用爪子将松开的泥土拨到一边。发现泥土中的美食之后，就以迅雷不及掩耳之势将其抓获，然后美美地吃掉。

动物原来是这样

动物档案

双角犀鸟

类目：鸟纲佛法僧目犀鸟科

体长：100厘米左右

送礼物搞浪漫的爱情鸟

双角犀鸟是中国犀鸟中体型最大的一种。它的身体约100厘米长，翅长50厘米，嘴峰长30厘米。上嘴和盔突顶部都是橙红色的，下嘴是象牙白色的。颊、颈与喉部都是黑色的，后头、颈部为乳白色，翅膀呈黑色，但翅尖呈白色。尾巴也是白色的，只是末端零星点缀些黑色的斑点。雌鸟与雄鸟从外观上看没有明显的区别，只是雄鸟眼睛内的虹膜是深红色的，雌鸟是白色的。最特别的一点是，双角犀鸟的眼睛上有粗长的睫毛，这是其他鸟类罕见的。

● 最浪漫的事——给女孩子送点心

双角犀鸟雌鸟接受雄鸟后，雄鸟将伴着雌鸟去林间游戏，这时它们正处于热恋中，雄鸟会适时地送点贴心礼物来巩固它们之间的关系，那礼物或许是一枚水果，或许是浪漫的花瓣，总之一定是雌鸟喜欢的东西。这可是雄性双角犀鸟讨好恋人的不外传秘诀哦。

● 我也来个"金屋藏娇"

双角犀鸟又叫"爱情鸟"，鸟爸爸对娇妻爱子的照顾可谓无微不至，这智慧凝结而成的"金屋"便是证据。每到繁殖期，犀鸟夫妇便在森林中的菩提树等高大乔木上选一处不错的天然树洞，简单整修

后，鸟妈妈住进去，鸟爸爸便衔来泥巴混合果实木屑，与鸟妈妈一起"里应外合"将巢口封起来，只留下一个小孔让鸟妈妈的嘴端可以伸出，这样鸟妈妈和鸟宝宝在"金屋"里，风吹不着，雨淋不着，太阳晒不着，还能防止蛇、猴子及其他猛禽等侵害，真是又安全又舒适。

● 我有"好爸爸"牌便利袋

双角犀鸟在育雏期间，鸟妈妈会幽闭洞中达数月之久，直到雏鸟快出飞时才破洞而出。在此期间，一家子全靠鸟爸爸喂食。这样大的喂食量，如果鸟爸爸光靠嘴巴一次叼一点，那等不到雏鸟出飞，便早早累死了。还好，双角犀鸟发明了"好爸爸"牌便利袋，鸟爸爸能将胃壁的最内层脱落吐出，呈一薄膜状，形成一个便利袋，用以贮存果实等食物，供雌鸟和雏鸟食用。"好爸爸"牌便利袋果然好用！

动物原来是这样

动物档案

蜂虎

类目：鸟纲佛法僧目蜂虎科

体长：20～30厘米

会找保姆照顾孩子的食蜂者

蜂虎是一种小型攀禽，其喙和翅膀长而尖，尾巴也比较长，尾羽12枚，也有的是方形尾。前趾基部呈现并合状，后爪比中爪稍短。体羽十分华丽，呈绿色的居多，也有红、蓝、黄、栗色的。上背为紫栗色，下背至尾上为淡蓝色，肩和翅膀都是深绿色。胸为的绿色的，且从前向后逐渐变白。它们主要生活在东半球的热带和温带的大部分地区，尤其在非洲、欧洲南部、东南亚和大洋洲更常见。

● 祛除蜂毒有办法

蜂虎主要以蜜蜂为食，在追捕蜜蜂时会亦步亦趋地跟着猎物旋转和俯冲。但是捕捉到了蜜蜂要怎么吃才不被蜜蜂的毒液毒伤呢？蜂虎在空中捕获蜜蜂后，就会折返栖木，排除蜜蜂的毒液，蜂虎用嘴咬住蜜蜂，用蜜蜂的头猛撞树枝的一面，再以树枝的另一面摩擦蜜蜂的腹部，让已经昏迷甚至已断头的蜜蜂排出毒液。

● 团结起来力量大

蜂虎家族的生活很有意思，它们既有自己的小家庭，也与大家族生活在一起。在一个族群中，不管是为了生活而结合的夫妻，还是蜂虎光棍儿们，都整年群居在一起。白天一起飞行，晚上十几只雌雄蜂虎一起露宿。蜂虎团体彼此用声音来保持联系。它们会分享食物信息。一旦有敌人，能对付的大家一起上，不能对付的赶快跑。"团结就是力量"嘛，在一起就是好。

● 给宝宝找几个"小保姆"

蜂虎妈妈的宝宝很多，单靠自己是照顾不过来的。所以它们会为宝宝请"保姆"，而"保姆"的人选首先就从自己成年的子女中选择。通常来说，一个家庭看孩子的"保姆"最多可达到5个。当然了，如果遇到特殊情况的时候，蜂虎妈妈也会雇佣别人做"保姆"，并付给其一定的酬劳，比如几只可口的小蜜蜂。

动物原来是这样

● 为了找"保姆"限制子女恋爱

并不是所有蜂虎都愿意当家庭保姆的,于是小蜂虎出生时就成了家族合作和施展诡计的时刻。美国康乃尔大学生物学家史蒂芬·艾姆蓝研究白额蜂虎行为将近10年,发现它们经常采取强硬手段让成年的蜂虎屈服。蜂虎家长不仅会向成年的孩子讨取求偶用的食物,而且还从中作梗,阻碍它们交配。如果那样还无法阻止它们繁衍,父母就会封锁儿子巢的入口,不让雌蜂虎入内产卵。经过一段时间后,一些小蜂虎就会屈服了,放弃本身繁衍后代的意愿,转而到父母的巢里当帮手。

● 尔虞我诈的社会形态

欺骗与偷窃在蜂虎的社会中很常见。雌蜂虎离开巢觅食时,另一只雌蜂虎可能会溜进它的巢下蛋,骗邻居帮忙抚养后代。同样,雄蜂虎如果不守好巢,其他雄蜂虎可能会趁机和它的配偶交配。有些蜂虎有时会直接"抢劫",骚扰捕食归来的邻居,让它们放开捕获的昆虫,然后伺机叼走食物。虽然这些手段不太光明正大,却折射出它们的生存智慧。

● 捕食过程我不失优雅

蜂虎主要以昆虫为食,其捕食绝技堪称精彩绝伦。当蜂虎发现小虫子之后,它会迅速飞至小虫子身边将其拿下。当然了,它也有失手的时候。但是,它会马上以完美漂亮的弧圈形滑翔回到原位。没有实质性的收获,也要博个满堂彩嘛!

● 挖洞因地制宜

蜂虎在繁殖期和宝宝未出生之前,会事先为宝宝准备一个栖身之所。通常,林中河岸的土崖是它们的首选。它们掘洞为巢,巢为隧道状,直径通常为5~8厘米,与成年人的中指长度相仿,长度则随着土质

鸟的智慧 2

的不同而不同，在土质松软，容易挖掘的地方，隧道可长达1~2米，而在土质较硬，不宜挖掘的地方，隧道的长度仅有15~20厘米。

● 寻找食物靠交流

雌性蜂虎在飞行时会发出极富韵律的颤声——"kwink?kwink，kwink?kwink，kwink?kwink?kwink"，一直不停歇。有时一群蜂虎吱吱喳喳能叫上好长时间。那是它们在互相交流哪儿的食物多，并边走边说飞行路线。它们就是这样天天议论不停。

●"守株待虫"也是一种捕食方法

各类昆虫都是蓝喉蜂虎喜爱的美食，但蓝喉蜂虎极少飞行或滑翔，总是在高高的树上，呆呆地望着前方。原来，在蓝喉蜂虎看来，毫无方向地胡飞乱撞，寻找昆虫，还不如待在视野开阔的树上，来一个"守株待虫"。它们在树上耐心地等待过往的昆虫，一旦发现目标就立即出击。结果没有让它们失望，它们往往可以吃得饱饱的。可见，等待也是一门绝技呀。

动物原来是这样

动物档案

林翡翠

类目：鸟纲佛法僧目翠鸟科

体长：15～25厘米

厉害的狩猎鸟

林翡翠的身长大约20厘米，雄鸟的体重一般在33～42克之间，雌鸟的体重一般在29～40克之间。雄鸟的嘴上有一块大白斑；头顶和翅膀的毛羽是蓝紫色的；颈部和背面是白色的；尾部是钴蓝色的；腿是灰黑色的。雌鸟与雄鸟最大的不同，就是雌鸟的颈后、帽子和鬃都是深蓝色的。幼鸟与雄性成鸟的体色更是相差甚远，羽毛的外壳和覆翼是黄色的；胸部有些暗条纹，两侧和腹部是浅黄色的；背部通常是灰色、蓝色或黑色的。

●锻炼身体成就好身手

想要成为捕猎圣手，就必须有良好的身材，矫健的身手，若身材肥胖笨拙，不被别人捉去就已经是万幸了，所以每天吃完饭，林翡翠就会在林中训练自己。它们先飞到一棵最高的树上，然后俯冲到矮的树上，循环往复。不知道的人会以为它们在嬉戏，其实它们是在训练自己的逃生能力呢！

●虐杀猎物有诀窍

林翡翠是纯肉食性鸟儿。它最喜欢狩猎，并且尤其喜欢蟋蟀、蜘蛛、蝎子。狩猎时林翡翠会寻找一根裸露的树枝或电线杆，站得高才

鸟的智慧 ❷

看得远嘛。一旦找到猎物，林翡翠一个俯冲过去，用它那凿子一样的嘴啄对方的腿和胸部。双腿受伤的猎物就再也无法逃跑。而破坏了胸部，猎物就会窒息而死。如果对方不老实，它会死死地把猎物叼在口中来回甩或大力击打，直至猎物死亡。

● 看不穿的房子好处多

林翡翠夫妇在选择树干筑巢的时候，十分讲究。它们不会随便找一棵大树安家，而是在白蚁蚀空的树干上挖巢。这样可以省去很多工夫。并且，它们的巢可不像一般鸟建的巢，能一眼看到底，它们在挖巢的时候留了一手，会挖一个稍微弯曲的短隧道，其尺寸约为20~25厘米深，足以装下雌鸟和小鸟而不被坏人发现。林翡翠果然聪明。

动物原来是这样

蓝耳翠鸟

类目：鸟纲佛法僧目翠鸟科

体长：10~20厘米

会挖隧道的蓝耳朵工程师

蓝耳翠鸟是一种小型攀禽，体长约15厘米。头顶和颈呈黑色，还带有一些蓝紫色的横斑。耳朵上的羽毛为紫蓝色。喉部为淡棕色。颈的两侧各有一块白斑。蓝耳翠鸟分为林栖类和水栖类，只分布在中国云南勐腊。

● 遇到猎物速度取胜

蓝耳翠鸟最拿手的捕食绝技就是"火箭飞"。它们总是单独或成对活动，长时间站立于近水处的树枝或水中蓬叶上，耐心观察，眼睛死盯着水面，一旦发现小鱼浮至水面，则会以闪电般的速度直飞捕捉，而后再回到栖息地吞食，它们像火箭一样在水面飞行，那场景十分好看。不得不说，蓝耳翠鸟用速度和技巧向我们展示了它们发达的脑神经和控制系统。

● 动物世界的"隧道专家"

你一定想不到，小小的翠鸟竟是一位杰出的"隧道专家"。它的巢建在距水较远的地方，而且只有高出地面很多的土坡断崖才会被它相中。称它为"隧道专家"并不夸张，蓝耳翠鸟筑巢时，首先会进行空中作业，宛如直升机一般悬停在空中，然后突然向前猛冲，一次次地

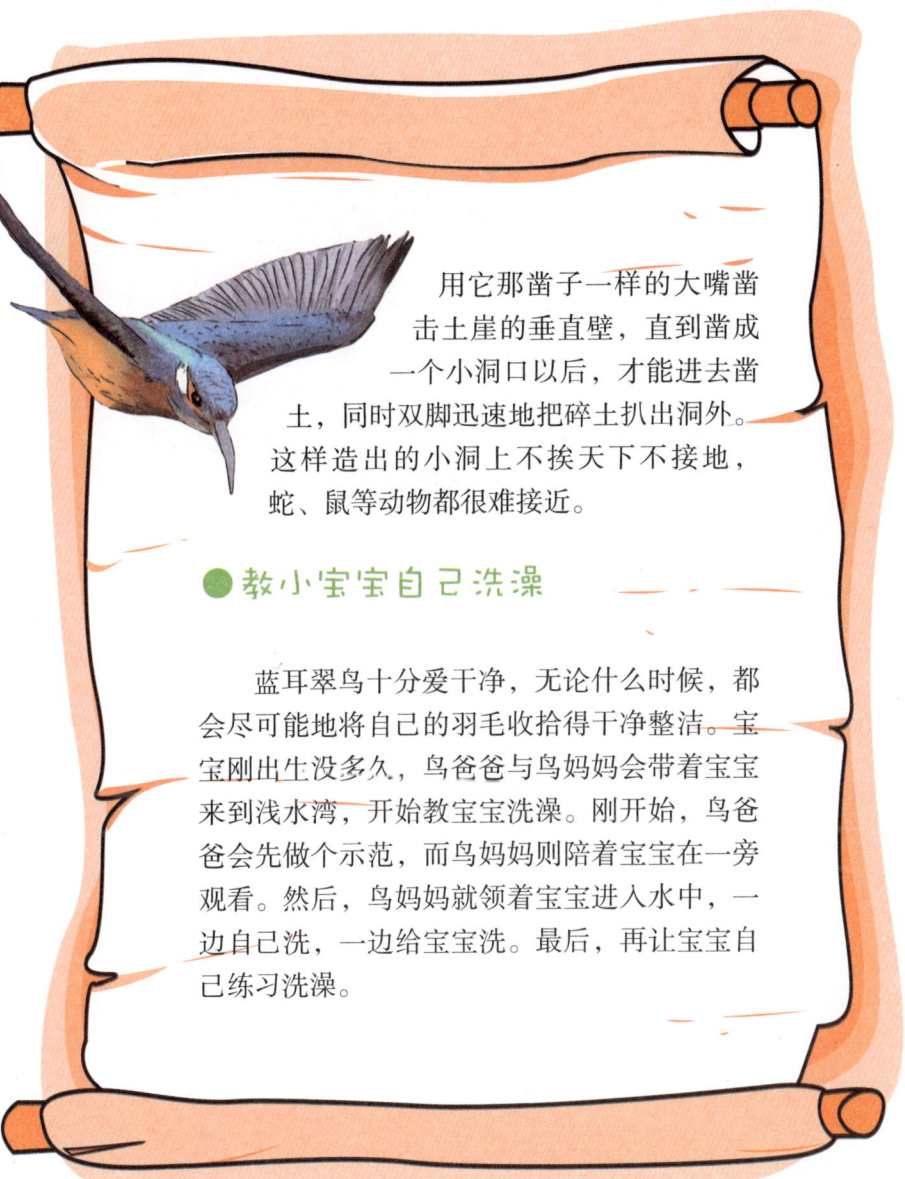

用它那凿子一样的大嘴凿击土崖的垂直壁，直到凿成一个小洞口以后，才能进去凿土，同时双脚迅速地把碎土扒出洞外。这样造出的小洞上不挨天下不接地，蛇、鼠等动物都很难接近。

● 教小宝宝自己洗澡

蓝耳翠鸟十分爱干净，无论什么时候，都会尽可能地将自己的羽毛收拾得干净整洁。宝宝刚出生没多久，鸟爸爸与鸟妈妈会带着宝宝来到浅水湾，开始教宝宝洗澡。刚开始，鸟爸爸会先做个示范，而鸟妈妈则陪着宝宝在一旁观看。然后，鸟妈妈就领着宝宝进入水中，一边自己洗，一边给宝宝洗。最后，再让宝宝自己练习洗澡。

动物原来是这样

夜鹰

类目：鸟纲夜鹰目夜鹰科

体长：25~35厘米

分工合作的变色鹰

夜鹰的主要面部特征就是嘴短而宽，嘴须发达；鼻孔呈管形；眼睛较大。毛色为暗褐色，并带有细形横斑，喉咙部位有白斑，飞行的时候白斑会十分明显。中趾上长着像梳子一样的喙。夜鹰主要分布在中国的东部地区，是十分著名的农林业益鸟。

● 我们是恐怖的变色鹰

夜鹰虽不像变色龙那样会变色，却有着和树皮一样的颜色。这种颜色不仅能够让它躲避敌人，掩饰自己，更能够让它明明在明处，却可以像在暗处一样，关注着猎物的一举一动，以便伺机采取行动，捕获食物。

● 防身、袭击，样样行

夜色迷蒙中，夜鹰一双大眼闪闪发亮。在它缓缓的飞行过程中，一旦有昆虫靠近，很快就能被它察觉出来。锁定目标后，它就会直奔猎物而去，张开犹如虫网般的嘴，将昆虫兜入口中。如果离猎物较远，它们还会绕着昆虫飞行，以免被发现，靠近食物后，再猛地发起进攻，将其吞入口中。而对于敌人的靠近，夜鹰也能够敏

感地发觉。它们轻软的羽毛,能够让它们在敌人还未发现之前,快速而又能悄无声息地逃逸。

● 照顾宝宝分工合作效率高

在繁殖期间,当夜鹰妈妈生下蛋宝宝之后,夜鹰妈妈与夜鹰爸爸就开始商议蛋宝宝的孵化工作。经过多方面的考虑,白天由妈妈负责孵化蛋宝宝的任务,而到了晨昏时分,再由爸爸来接替。当白天妈妈在巢内孵化蛋宝宝的时候,爸爸会守在巢外,负责警戒工作。到了吃饭时间,爸爸就飞出去觅食,然后衔回来喂给妈妈。科学的分工,使鸟爸爸与鸟妈妈各司其职,各尽其能,从而保证了孵化工作效率的最大化。

动物原来是这样

油鸱（chī）

类目：鸟纲夜鹰目油鸱科

体长：25～30厘米

懂得利用时机的幽冥雷达

油鸱的体长为33厘米，但是展开翅膀之后的长度足是身体的3倍。油鸱的口裂比较小，尾部呈扇形，脚非常小。油鸱的羽毛是暗红褐色，还带有一些白色的小斑点。油鸱主要生活在玻利维亚到委内瑞拉的安第斯山麓的热带森林中，在巴拿马和特里尼达也生活着一小部分。一般油鸱发出的叫声频率在7000赫兹以下，但遇到障碍物时发出的叫声频率在7000赫兹以上，是一种非常喧闹的鸟。

●利用声音来寻找洞穴

油鸱有一双大大的眼睛，但是它们的洞穴没有一丝光线，一片黑暗中它们怎么寻找自己的洞穴呢？别担心，它们可以通过发声来给洞穴定位，它们在飞行时会发出刺耳的呼叫声，产生的回音可以让它们洞悉四周阴暗的环境，这样就能丝毫无误地找到自己的巢了。从这方面来讲的话，几百万年前油鸱和蝙蝠是不是表兄弟呢？

●敌人白天行动，我就晚上出去

很多鸟儿为了躲避天敌，想出了各种好招儿，油鸱也想出了个聪明的妙招儿，只需要调整一下自己的作息时间就可以了。它们的天敌猎鹰一般白天觅食，晚上休息，而油鸱则反其道而行之，它白天躲进

洞穴,晚上在明亮的星光下觅食,这样就可以减少遇害的几率啦。

● 群体出行找果子

油棕果是油鸥最喜爱的食物之一,那么,如何才能快速地吃到自己钟情的食物呢?油鸥采取了"合作共享"的策略。于是,每当到了黄昏时分,就有大群的油鸥飞离巢穴,一起寻找油棕果。一旦有谁发现油棕果,就会用特殊的叫声告诉同伴:"大家快来呀,好吃的油棕果在这里。"于是,收到消息的油鸥便迅速地飞来,共同享受这美味的果实了。

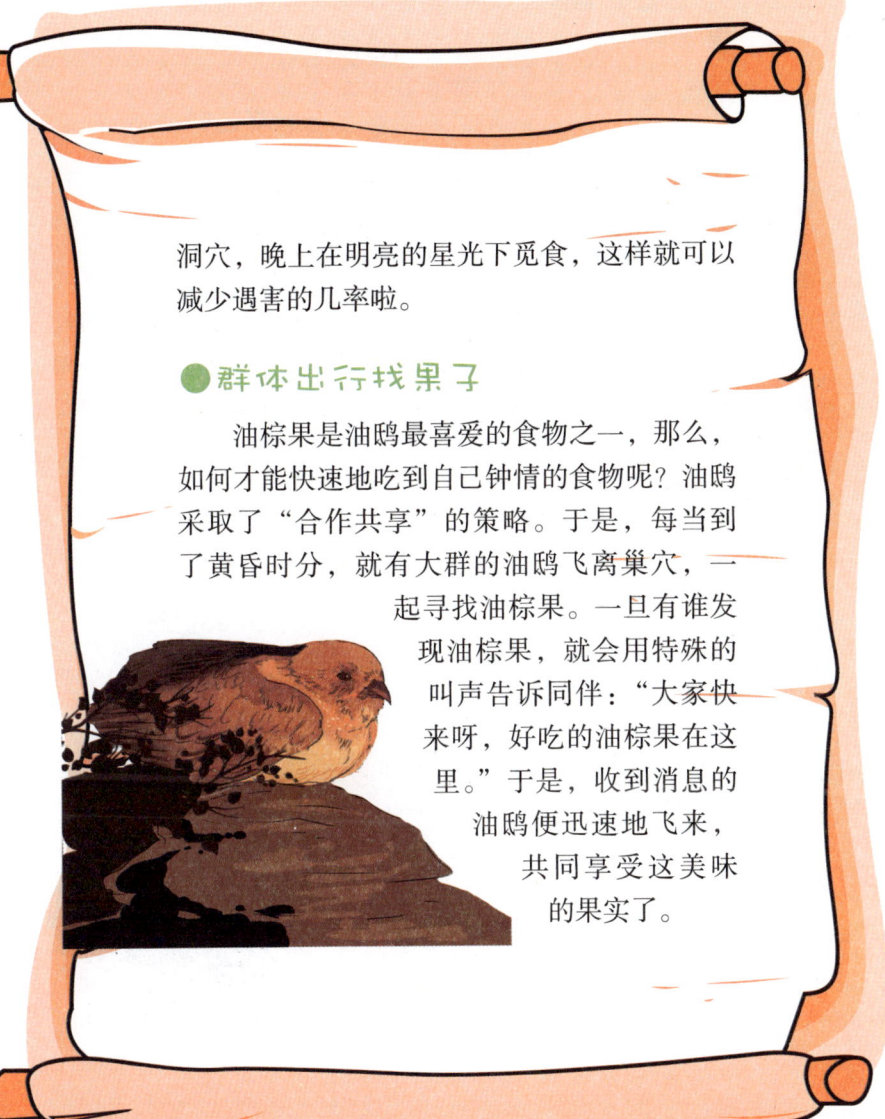

动物原来是这样

动物档案

织巢鸟

类目：鸟纲雀形目文鸟科

体长：7.5~25厘米

天生的室内设计师

雌织巢鸟的羽毛颜色比较单一，雄织巢鸟的羽毛颜色却十分鲜艳。织巢鸟与雀类在体型、外貌上都十分相似，当然最相似的还是那个短小而坚硬的圆锥形喙。织巢鸟属于群居鸟类，经常一起筑巢和觅食。

● 请老婆验收新房

对于织巢鸟来说，一个安稳的家是吸引雌鸟的有力诱饵。非洲的雄性红头织巢鸟经常成群筑巢，因为它们知道，要想追到心爱的姑娘，建造一座好房是关键。而雌鸟在正式选择之前，也已经开始注意雄鸟的行为了。待雄鸟把巢筑好，便站在一旁，等待雌鸟评审，情投意合者就可以一起住进新家，生儿育女了。

● 我用才华迎得美人心

　　新几内亚织巢鸟选择配偶的标准主要是看重对方的艺术才华。因为此地生活宽裕，雌鸟根本不用为食宿问题担忧，只有美的东西才能打动它们的心。这里的雄鸟个个都是室内设计的天才，浑身都散发着浪漫的艺术气息，它们要追求姑娘，首先要建一座完美的房子，这个房子既不是家也不是育婴室，而是它们专门向姑娘展示自己的艺术才华的地方。雄鸟先生根据当地的材料，多半会盖个"杜甫草堂"，草堂很大，但草堂不是看点，看点在装饰，对于喜欢鲜艳色彩的它们来说，刚开的鲜花是它们的首选，半青半熟的橙黄色的果实也不错，光泽鲜亮的甲虫翅鞘它们也很喜欢，它们拥有可观的收藏，并把这些收藏按照自己喜欢的顺序排列好，以展示它们最佳的一面。房子建好后，先生们会迫不及待地呼唤姑娘们来参观，好的作品，不但会引来小姐们的赞叹和倾心，也会让附近的其他先生前来观摩学习。如果哪个小姐认定这作品是最佳的珍品，它便会跟鸟先生结婚、生子。用艺术来赢得爱情，新几内亚织巢鸟，真有你的！

● 全体出动建造"公寓大厦"

南非织巢鸟，常常是100～200对生活在一个"公寓大厦"里，但它们各有自己的房间。它们在筑巢的时候，会全体出动，通力合作，共建"公寓大厦"。筑巢时，它们熙熙攘攘，忙个不停。仔细观察，便可发现其中有一只织巢鸟不干活，光飞来飞去，叫个不停，实际上它在担任着"总指挥"呢！看来这些鸟还挺有组织有纪律呢！在"总指挥"的鸣叫声中，织巢鸟先搭盖一个非常大的茅草屋顶，再各自编织一个圆瓶形的小巧玲珑的分巢。分巢筑成后，它们又齐心协力地在"公寓大厦"的进口处，再筑一条细长的管道作为出口。这种"公寓大厦"高达3米左右，直径将近5米，看上去蔚为壮观，令人惊奇。

鸟的智慧 ②

动物档案

麝（shè）雉

类目：鸟纲鹃形目杜鹃科

体长：50~70厘米

富有奉献牺牲精神的强者

麝雉的颈又细又长，头上顶着一簇红褐色的羽冠，形同桂冠，如果只看头和颈的外形，和孔雀十分相似。嘴巴短小，略微弯曲。尾巴上的羽毛长又宽，远远看上去美丽极了。从整体上看，麝雉的上体呈暗褐色，且带有一些白斑；下体呈橘黄色，腹部呈铁锈色。

● 为了家庭，牺牲又何妨

生活在近水岸边的麝雉有一个习惯，当受到些许惊吓时，会毫不犹豫地跳入水中潜逃。但是南美洲的河流里栖息着不少残暴贪婪的美洲鳄，这些没有经验的幼雏很可能会成为鳄鱼的美餐。这时，年纪较大的麝雉会冒着被美洲鳄吞食的危险，首先从大约6米高的树上跳入水中，奋不顾身地引开敌人，牺牲自己，以求得家庭和种族的平安。

动物原来是这样

● 当领导从保姆做起

在繁殖群中，只有两只麝雉是真正的夫妻，其余的都是"保姆"。说到这里，也许你会感到奇怪，难道麝雉也需要"保姆"来帮助自己"做家务、看孩子"吗？事实的确如此。大约60%的麝雉"家庭"都有"保姆"，大多数只有1个，多的达3个，多于3个"保姆"的"家庭"是罕见的。这些"保姆"或者是这个"家"的孩子，或者是根本没有血缘关系的其他个体。它们帮助"主人"保护领地、看护幼雏，有时也帮助"主人"建巢，甚至帮助"主人"交配。从某种意义上说，这些"保姆"将来也许会成为"主人"的继承者。它们在帮助"主人"的过程中学到了很多经验，而且可以在"主人"占领的领域内取食。如果"主人"发生意外，它们中的强者会自然地取而代之，成为新的"主人"。

● 我有一个功能强大的嗉囊

说起麝雉，你或许会马上想起一种香料——麝香，那麝雉会不会产生麝香呢？其实正好相反，麝雉非但不能像麝一样产生名贵的麝香，还会产生一股难闻的恶臭。因为麝雉有一个极大的嗉囊，用于贮存和消化海芋属植物有弹性的叶子，那是它主要的食物来源。这个嗉囊会使麝雉身体里散发出一种浓烈的霉味，按照鸟类学家威廉的话来说："如不稀释的话，是没有任何鸟可接近的。"这也正是麝雉想要的结果，但有一个结果它一定不想要，就是当地人给它的"臭安娜"的封号。但无论如何，麝雉有了防身的独门武器，能保命还是最重要的。

动物原来是这样

火烈鸟

类目：鸟纲鹳形目红鹳科

体长：1.2～1.5米

爱化妆的美丽鸟

火烈鸟的体型与鹳差不多大，属于大型涉禽。嘴短而厚，颈长而曲，且呈S形弯曲。脚修长且裸露在外，朝向前的3趾之间有蹼，后趾短小且与地面脱离。尾巴短小。体羽的颜色为白色与玫瑰色的混合色，飞羽呈黑色，覆羽呈深红，色彩互相映衬，十分艳丽。这种外形美丽的鸟可以飞行，但是在飞行前需要有一段助跑。

●吃东西讲卫生

火烈鸟不但讲究外表，在饮食上也极为讲究，其他水鸟在捕鱼或吃浮游生物的时候，难免吃进去泥沙等脏东西，可是火烈鸟为了讲卫生，培养了鸟类中独一无二的滤食能力。它的嘴里长了一排像梳子一样起过滤能力的角状组织，在水中觅食时，火烈鸟将嘴巴朝上，用厚而多刺的舌头吸水，将泥沙过滤掉，食物可以通过过滤器进到胃中。这种能力在鸟类中堪称一绝。

●化妆求偶

有一个化妆品的品牌叫火烈鸟，但你一定没想到火烈鸟真的会化妆。火烈鸟尾部的腺体会排出一种油脂，雄火烈鸟将油脂中含有的一种独特的红色颜料涂抹于自己的羽毛上，使羽毛变得更加鲜艳亮丽。

它们这么做的目的是吸引那些漂亮的小姐们做它们的妻子。而火烈鸟小姐们的择偶宣言是"鸟儿越漂亮才越聪明",所以先生们,尽情地美吧!

●别人到不了的地方最安全

非洲火山湖经常冒着足以令人窒息的白色气体,可这里却是火烈鸟经常光顾的地方。在这样的环境里,火烈鸟不仅不会受到伤害,而且还有两大好处:第一,温热的咸水里充满了水藻和小甲壳动物,由于很少有生物能够忍受这种环境,火烈鸟便可以独吞。第二,强酸性的环境是那些狮子和老虎绝对无法涉足的区域。火烈鸟在这里繁殖,谁也不会来搞破坏。

●从同伴那儿观察危险信息

今天,科学家有充分的证据证明火烈鸟遇险时总是能及时逃脱,最重要的原因是它从小就学会了对危险做出快速反应和迅速逃离的本领。然而如果火烈鸟们背对着狒狒在湖中饮水,怎样才能觉察危险呢?它们是凭借群居动物所特有的直觉而逃生的,它们任何时候都会密切注意着身边同伴的反应,一有什么风吹草动马上跟着跑,如果别的鸟向右,它也跟着向右,别的鸟拍打翅膀,它也跟着拍打翅膀,总有一只鸟会早早地发现危险,助大家一起逃脱。

动物原来是这样

动物档案

鹈(tí)鹕(hú)

类目：鸟纲鹈形目鹈鹕科

体长：1.5~1.8米

会制造地震的捕鱼能手

鹈鹕独特的外形可以让人立刻喊出它的名字。它的大皮囊是下嘴壳与皮肤相连接形成的，能够自由地伸缩，用来存储食物。全身长有密而短的羽毛，颜色为桃红色或浅灰褐色。鹈鹕的分布比较广泛，几乎在全球都可以见到它们的身影。

● 遇到猎物先组成包围圈

鹈鹕在水中捕鱼时会张开大嘴兜水前进，将水和鱼一起兜入喉囊。然后，闭上嘴，收缩喉囊，将水从嘴喙挤出，把鱼留在嘴中。更为有趣的是，当它们发现鱼群时，会马上几十只排成整齐的半圆形队伍，个个张开大嘴向前游动。包围圈愈缩愈小，最后将鱼群赶到浅水处歼灭。这种捕鱼方式效率极高，是其他鸟类都望尘莫及的。

● 看我无敌的鱼叉嘴

褐鹈鹕的捕鱼方式很特别。它们往往单独或成小群活动，而且它们用的工具也不相同，多数鹈鹕捕猎用的是大嘴兜，褐鹈鹕则用的是鱼叉嘴。褐鹈鹕在飞翔时能敏锐地发现15米以下游动的目标，这时它

鸟的智慧 2

们会像箭一般从空中俯冲下来，再像潜鸟一样潜入水中，将鱼叉样尖尖的嘴直刺鱼身。走运的时候还能一下串几条鱼儿呢！

● 褐鹈鹕捕鱼之地震法

褐鹈鹕还有另一种惊人的捕鱼方法，那就是制造地震。它们先飞上高空，然后略收翅膀，舒展身体，猛地从空中直冲而下，溅落在水面。它们硕大的身体拍击在水面上，产生很强的震动，据说这种震动声可传出0.8千米远，并能震昏水下1.5米处的鱼。待震昏的鱼浮出水面时，它们便能轻松地享用美餐了。可是，褐鹈鹕自己却能经受得住那么经常的、强大的拍击力。科学家们经过研究发现，褐鹈鹕的气囊系统十分发达。在它们胸部的皮肤下，气囊充满肌肉和皮肤之间的空隙。这些气囊充气后，仿佛在皮肤和肌肉之间加一层气垫，能大大减弱它们下落时对身体的震荡。

● 巧用鲨鱼捕鱼法

褐鹈鹕的捕鱼办法可真不少，最省事儿的估计就是在海边等待被鲨鱼追得惊慌失措的鱼，来一个"守株待兔"。当鱼儿们被鲨鱼追得四散惊逃时，褐鹈鹕就在海边悠闲地玩水，等着鱼群送上门来，不必费工夫便可饱餐一顿了："鲨鱼兄弟，谢谢啦！"

动物原来是这样

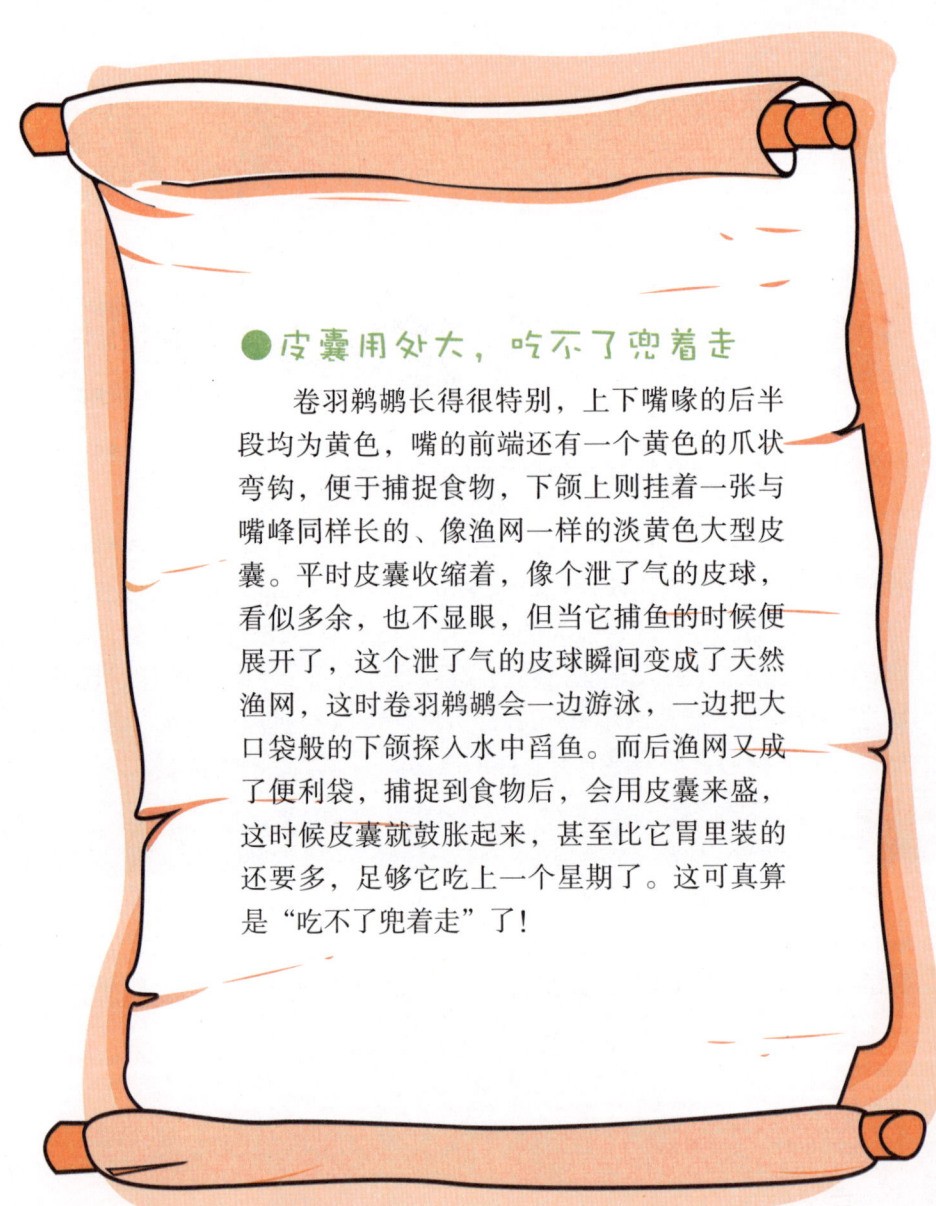

● 皮囊用处大，吃不了兜着走

卷羽鹈鹕长得很特别，上下嘴喙的后半段均为黄色，嘴的前端还有一个黄色的爪状弯钩，便于捕捉食物，下颌上则挂着一张与嘴峰同样长的、像渔网一样的淡黄色大型皮囊。平时皮囊收缩着，像个泄了气的皮球，看似多余，也不显眼，但当它捕鱼的时候便展开了，这个泄了气的皮球瞬间变成了天然渔网，这时卷羽鹈鹕会一边游泳，一边把大口袋般的下颌探入水中舀鱼。而后渔网又成了便利袋，捕捉到食物后，会用皮囊来盛，这时候皮囊就鼓胀起来，甚至比它胃里装的还要多，足够它吃上一个星期了。这可真算是"吃不了兜着走"了！

鸟的智慧 2

●我们爱护自己的发型

卷羽鹈鹕平时常在水中洗浴，而后爬到岸上晒太阳，并且用长长的大嘴细心地整理自己的羽毛，这些打扮一般要花上一个多小时。那它是怎么给自己梳头的呢？聪明的卷羽鹈鹕是这么做的：它频频地摆动着头部，将具有很多开口的尾脂腺所分泌的油脂涂抹在羽毛上，然后再用嘴把羽毛梳理整齐。

●我是宝宝的营养师

卷羽鹈鹕作为职业的营养师，在喂养雏鸟方面特别有方法。它为了让雏鸟吃到营养丰富而又便于消化的食物，在捕到鱼之后，并不急于吞下，而是把鱼贮存在自己粗大的喉囊内，回到巢中便张开大嘴，让雏鸟将整个头部都伸进喉囊来吸取半消化的鱼肉。这种方法真是值得其他鸟借鉴啊！

动物原来是这样

黄嘴白鹭

类目：鸟纲鹳形目鹭科

体长：40~70厘米

懂得翻新鸟巢的防敌专家

黄嘴白鹭属于中型涉禽，身体瘦而长，嘴、颈、脚都比较长。全身都是白色的，雌雄羽色相似。虹膜为淡黄色，腿为黑色。黄嘴白鹭属于候鸟，主要以鱼、虾和蛙等为食。过去分布比较广泛，现在已经很稀少了，繁殖在中国辽东半岛、山东及江苏的沿海岛屿。

● 绝处逢生造新家

黄嘴白鹭的生存环境相当令人震惊，它们将自己的巢穴安置在海岸峭壁。这样的环境，对于涉禽鸟类来说是很艰苦的呀！可是为什么黄嘴白鹭放着舒适的地方不待，偏偏要把家安在绝壁呢？你听说过"绝处逢生"吗？这便是黄嘴白鹭安家绝壁的理由。舒适的地方天敌也会多，夜里睡觉需要半睡半醒，时刻提防敌人的偷袭。这样的问题对住在绝壁上的黄嘴白鹭就不会遇到，因为很少有黄嘴白鹭的敌人去那样恶劣的环境探险。于是黄嘴白鹭得以夜夜安睡啦。现在你明白了吧，其实黄嘴白鹭不傻哦。

● 筑巢，亲朋好友一起上

许多鸟类在筑巢时，只是雌雄双鸟分工合作，可是这样的"定律"在黄嘴白鹭身上却发生了改变！它们妯娌亲朋之间的关系那是相

鸟的智慧 2

当的和谐呢！所以，筑巢时，全家齐上阵，你叼草来，我衔泥。整个白鹭家族通力合作，共同建造属于它们的新家。

● 旧巢翻新再利用

大多数的鸟类第二年不会再修补旧巢，而是直接另觅佳境，再造温馨小窝！黄嘴白鹭却很念旧，只是在旧巢的"地基"上修修补补，继续生活在老巢里。因为它们知道，新巢确实漂亮，但是从选址到建成需要投入很多"鸟力"与物力，很不划算。而翻新旧巢就不一样了，首先省去了选址的时间，其次，修肯定比建省事得多。总之，这种翻新方式使得物尽其用，为自己创造了最大的福利。

动物原来是这样

动物档案

戴冕鹤

类目：鸟纲鹤形目鹤科

体长：70~90厘米

会报时的舞者

西非冠鹤又叫"戴冕鹤"，它的体态高雅，羽毛色彩别致。体长为70~90厘米，体重2000~4000克。雌雄的羽毛颜色基本相同。全身都是黑色的。喙粗且直，呈灰黑色，额部向外凸出，有乌黑色的绒羽，面颊上部为白色，下部为红色，与额头乌黑的羽毛形成鲜明的对比。颈长，羽毛为灰白色，喉部的肉垂为玫瑰红色。跗与趾呈蓝黑色。戴冕鹤喜欢与人亲近，经常跟随在人们后面，是人类的小跟班。

● 我的歌声能报时

戴冕鹤喜欢唱歌，其歌声轻柔舒缓，清亮动听，最重要的是它们的歌声具有严格的时间性！每天在黎明、中午及子夜时，它们都会准时地高歌一曲。一来可以放松一下，二来能给当地居民报个时。所以，在戴冕鹤的集中分布区，当地居民把戴冕鹤当作准确无误的生物钟，一般不会轻易伤害它们。

● 我是高雅的舞者

戴冕鹤在跳舞时，常常会结成舞伴成双成对地跳，有时也围成一圈跳集体舞。而且它们还有很多讲究呢！在开跳之前，一只只戴冕鹤总是先文雅地相互鞠躬，然后微舒双翅，轻挪双足，长颈不断曲伸，

鸟的智慧 2

动作轻盈优雅，变化多端。等到舞会结束时，它们还进行集体"大合唱"。这些高雅的舞者，还成了我们人类的舞蹈老师呢！非洲的尼洛蒂克族人的许多舞蹈动作就是从戴冕鹤那里借鉴来的。

● 捕食都是小case

  戴冕鹤是一种非常聪明的鸟类，在捕食的时候，遇到很高的草丛时，戴冕鹤不容易看到昆虫，更不方便展开捕食行动，于是它就会频频跺脚展翅，将昆虫驱逐到开阔处，这样戴冕鹤就可以放开吃了。此外，戴冕鹤还有一招儿，那就是跟在非洲草原旱季大火的后面，捕捉被大火烧死和驱赶出来的小动物，这样的食物不费吹灰之力就可以吃到，多方便啊！

动物原来是这样

动物档案

军舰鸟

类目：鸟纲鹈形目军舰鸟科

体长：70~120厘米

不讲理的空中强盗

军舰鸟属于大型热带鸟类，翅膀长而强，翅膀展开可达2.3米。嘴长而尖，端部成钩状。尾巴长而深，且呈叉状。脚短且弱，几乎没有蹼。喉部有喉囊，可以暂时储存一些食物。上体为黑色，带有绿色光泽。喉、颈、胸为黑色，带有紫色光泽。嘴为黑色，喉囊为红色。雌鸟与雄鸟相似，只是雌鸟的胸和腹是白色的，嘴为玫瑰色。

● 逼出来的"飞行海盗"

军舰鸟的腿脚比其他同类要细弱得多，因此，它们很难从水面上直接起飞。而且军舰鸟不会游泳，一旦沾水很容易被淹死，种种生理上的缺陷导致军舰鸟不可能亲自捕鱼，可是它们又不甘心没有鱼吃。于是，在长期的演化过程中，军舰鸟变成了鸟中海盗，它们依靠掠夺食物来弥补自己取食能力的缺陷。它们经常凭借自身绝技，在空中袭击那些叼着鱼的其他海鸟。捕到鱼的海鸟一旦进入它们的视线，军舰鸟就会马上凶猛地冲向目标，把对方吓得惊慌失措，丢下口中的鱼仓惶而逃。这时，军舰鸟急冲而下，凌空叼住正在下落的鱼，并一口吞吃下去。

鸟的智慧 2

● 求偶全靠吹泡泡

繁殖季节，军舰鸟开始喧嚣起来。雄鸟个个卧在它们选好的位置上，抬着头，上下嘴片不断碰撞，发出"哒、哒……"的声音。它们大口大口地吸气，使颌下的喉囊渐渐鼓胀起来，形成一个大如人头的橙红色半透明半球形的袋状物，好像脖子上挂了一个鲜红的大气球。这是它们为了向雌性军舰鸟进行求爱而在炫耀自己的英俊形象。而雌鸟自己挑选"新郎"的标准是喉囊吹得大的者，才有资格和能力来当未来宝宝的爸爸。

● 特殊时刻特殊抢

军舰鸟一旦雌雄成双，便开始搭筑简陋的巢。雌鸟负责搜集大多数细枝，雄鸟则把细枝铺成一个台。巢建成后，雄鸟不但要忙于寻找食物，还要替换"妻子"孵卵

20天左右。经过约45天的孵卵期，雏鸟终于破壳而出。但是，由于鸟群太大，搭巢用的树枝经常不够，这时邻近的两对军舰鸟之间经常会为一根树枝而争执不下。如果住在海边，你经常会看到两只军舰鸟衔着一根树枝你争我夺，它们上下翻飞，谁也不肯让步，远远望去，如同跳舞一般。

● 照顾宝贝分工合作，共担责任

当小军舰鸟长出一层雪白的绒毛时，它们会扇动小小的双翅，张着小小的嘴向双亲讨吃的。这时，亲鸟格外地忙碌，但它们依然会有条不紊地分工合作，雄鸟主要担负觅食的任务，因为它们身体比雌鸟大，掠夺食物的成功率也比雌鸟高；雌鸟则精心地看护幼雏，因为稍有疏忽，其他军舰鸟就会来掠走幼雏并将其吃掉。

鸟的智慧 2

海鹦

类目：鸟纲鸽形目海雀科

体长：25~40厘米

能转晕敌人的捕鱼专家

　　海鹦长着一张特别大的三角嘴，嘴巴上印着一条深沟。背部的羽毛为黑色，腹部的为白色，脚是橘红色的，面部颜色十分艳丽，与鹦鹉一样美丽可爱，因此，被称为海鹦。海鹦的巢筑在沿海岛屿的悬崖峭壁上的石缝沟中或洞穴里，平时除了供休息之外，还用于储藏食物。

● 爱绝不等于溺爱

　　小海鹦出生后的前六周，它们所吃的鱼都是爸爸妈妈捕来的，自己只需要在巢里等着爸爸妈妈归来即可。但六周之后，小海鹦们就该独立面对生活了。这时候，鸟爸爸与鸟妈妈会毫不犹豫地舍弃它们，让它们独自留在巢里。没有了父母疼爱的小海鹦会逐渐学会照顾自己，学会自己捕食。表面看鸟爸爸与鸟妈妈似乎有些狠心，但这正是它们教育子女的良苦用心啊！

动物原来是这样

● 用包围圈转晕敌人

不管在搬家的飞行中，还是在栖息地，海鹦总是成群结队，统一行动。这样做是一种有效的自卫行为，这是它们在向其他动物显示自己庞大群体的威力，而且还告诉其他鸟类——这是我们的领土，外人不得入内！假如有凶恶的海鸥入侵，鸟群里就会先发出一片警告声，接着海鹦们便成群结队地盘旋而起，形成一个飞快旋转的环状队形，把入侵者围在包围圈中，让侵略者晕头转向，找不到进攻的突破口，最后不得不无功而返！

鸟的智慧 2

● 拥有"仓库嘴"的劳模

海鹦一直坚持着"劳动者最光荣"的原则,所以平时非常能干,是世界上潜水本领最强的鸟类。你知道吗?海鹦父母为了给小海鹦喂食方便,使来回捕食的次数少一些,就充分发挥它那"仓库嘴"的神威,在捕鱼时,它能轻松自如地潜入水下30~60米,甚至潜入200米深的海水中,不把捕捉到的鱼儿填满宽大的嘴巴就不浮出海面。它一次能捕获十几条鱼,有人曾看见海鹦口中排列着60多条鱼呢,"仓库嘴"果然名不虚传!有了"仓库嘴",给孩子喂食就方便多了,只来回这一趟,就够小海鹦吃半天的了。

动物原来是这样

董鸡

类目：鸟纲鹤形目秧鸡科

体长：30~55厘米

夜间捕食的农田守护者

雄董鸡的头顶上有一簇红色的额甲，后端突起。全身都是灰黑色的，下体颜色相对较浅。雌鸟的体型比较小，额甲不突起，上体为灰褐色。董鸡在站立时身体挺拔，飞行时颈部伸直，一般很少起飞，善于涉水行走和游泳。

● 流动的农田守卫者

哪里有虫子，董鸡就到哪里去。董鸡往往栖息在虫子比较多的芦苇沼泽、灌水的稻田或甘蔗田中。刚来到一个新的环境时，它们会栖息在水草丛中或水边农田中，等到稻秧长高以后，就迁到秧田里，这可不是为了偷食庄稼，相反，它们承担起了保护庄稼的责任！快到秋收季节，地里的蠕虫和软体动物、水生昆虫及其幼虫以及蚱蜢等也多了起来，董鸡趁此机会大饱口福，同时还做了一回农田守卫者。

● 夜间捕食更轻松

为了减少被敌害发现的机会，白天，董鸡通常选择躲藏在水稻田或水草丛中。到了夜幕降临的时候，它们才开始慢慢地从藏身之处探出头来，先观察一下四周的情况，在确定没有问题之后，才优哉游哉地开始活动、觅食。一旦发现有人或天敌靠近，它们就会立

即迅速奔跑，敏捷地蹿进附近草丛或灌木丛中藏匿起来。密密麻麻的庄稼无疑是个超级大迷宫，躲在里面的董鸡一定在想：想抓我？再过一千年吧！

● 我们的社会拒绝抢亲

董鸡遵守严格地一夫一妻制，所以能不能找到老婆，这可事关雄董鸡的终身大事。一到繁殖期，雄董鸡便心照不宣地划出自己的领地，这个领地是神圣而不可侵犯的。如果有雌董鸡来到这领地，除非是它自己飞走，其他的雄董鸡是不准踏入领地半步的，更不用说和主人争夺老婆了，否则领地主人会和竞争对手激烈厮打，直到一方认输败走。

动物原来是这样

动物档案

金鸻(héng)

类目：鸟纲鸻形目鸻科

体长：20~30厘米

与鳄鱼合作的表演家

金鸻有很强的飞行能力，其翅膀尖而长，它每年秋天都要飞到很远的地方过冬。嘴形直，端部膨大呈矛状。冬天，上体羽毛颜色为褐色、白色和金黄色杂斑，下体为褐、灰和黄色斑点。飞行时，尾巴呈扇形展开。夏天，额羽、额向后至眼上方以及额向下至胸的部位为白色。上体的其余部分为淡黑褐色并带有一些金黄色点斑，下体从喉至腹为黑色。腋羽呈灰褐色。

● 均衡体温，提高孵蛋效率

金鸻在孵卵时，总把爱巢内各个卵的尖头部分，向着巢心方向对在一起，一旦发现卵的位置有所错乱，一定要把卵恢复原有的位置，才继续孵卵。这样做的目的是便于鸟妈妈的身体最大限度地接触到每个卵，给它们以均衡的体温，从而提高孵化率！

● 我们与鳄鱼相亲相近

金鸻又叫报讯鸟，亦称鳄鸟。"埃及燕鸻"的名字说出了它的故乡，而"鳄鸟"这个名字则告诉大家它与谁的关系最近，当然是鳄鱼

鸟的智慧 ❷

了。它与鳄鱼的关系近到什么程度呢？就相当于牛背鹭和牛的关系，这是一种合作共生，求得双赢的关系。金鸻啄食尼罗鳄身上的寄生虫，又会用叫声来警告鳄鱼有危险临近。它们的合作关系体现出动物界中的最高智慧。

● 我用诈伤保护全家

金鸻最擅长的就是诈伤。当人们试图接近它们的巢时，鸟爸爸会在离巢不远的地方发出一种极其悲惨的哀叫声，而且声音会随之越来越大。这就是它在诈伤，故意发出声响将人们引离它的孩子。如果人们没有理睬雄鸟的诈伤，鸟妈妈则会学着鸟爸爸的方法继续引诱那些人。为了保全孩子，竟然自己不顾生命危险去引开敌人，除了它的表演天赋和诈伤的智慧外，我们更被它的胆量和对家人的爱所深深感动。

动物原来是这样

动物档案

金丝燕

类目：鸟纲雨燕目雨燕科

体长：8～20厘米

会用声纳探路的飞行者

金丝燕的跗跖几乎全裸，尾羽的羽干没有裸出，雌雄相似，背面呈黑褐色或黑色，有些呈蓝、绿色的光泽。腰部和底部为白色。翅膀尖而长，脚短而细，嘴细而弱并向下弯曲，4趾都朝向前方，不适合行步和握枝，但有利于抓附岩石的垂直面。

● 声纳系统创始人

金丝燕能像蝙蝠似的用回声定位法在黑暗的洞穴中探路。它们在黑暗中飞行时每秒发声约6次，几乎没有间断，而每次的回声又能迅速传回金丝燕的耳朵，金丝燕就凭借回声传来的方向和强弱，迅速明确前方路况，轻松地躲过障碍，在全黑的洞穴中任意疾飞，堪称黑夜疾行侠。现在渔民捕鱼用的声纳系统、检测飞行物用的雷达，都是人类利用金丝燕的回声定位原理制作的。看来，小小鸟儿还有大智慧呢！

● 燕窝好吃不好捞

提起燕窝，想必大家都很熟悉吧，那可是名贵的滋补品。其实，所谓燕窝，就是金丝燕为自己的宝宝搭建的小窝而已。为防止小窝被盗，保证自己孩子的安全，它们利用能飞的本事，把巢筑在万丈深渊

鸟的智慧 ②

的悬崖峭壁上，在这种地方搭建燕窝，谁若是敢来偷，八成会被摔成碎片："你敢来偷我的家？摔死你！"

● 喝水也另类

金丝燕喝水的方式也很另类，归纳起来大概有两种方法：方法一，接雨滴。每当下雨时，金丝燕便会异常兴奋，它们在空中飞来飞去，不一会儿，已经喝得饱饱的了。可是老天不是在金丝燕口渴的时候都下雨的，于是它发明了方法二，那就是自己打水喝。金丝燕用什么打水呢？它们不想太费事，就直接用嘴巴。它们会将嘴巴贴在河面上，飞一路喝一路，好不畅快！金丝燕只小小地利用了一下身怀的绝技，便潇洒地喝到了水，真是厉害！

动物原来是这样

非洲秃鹫（jiù）

类目： 鸟纲隼（sǔn）形目鹰科

体长： 94厘米左右

野外生存的能手

非洲秃鹫凭借巨大宽广的翅膀，觅食时可以在空中翱翔盘旋数小时。它的长颈上似乎光秃无羽，实际上却覆着一层细小的绒毛，颈背连接处的白色羽毛，与灰色的颈部形成了鲜明的对比、故而得名。它在非洲非常普遍。

●在高树上筑巢，保护宝宝

非洲秃鹫将自己的巢建在比较高大的乔木上。这难道仅仅是为了显示它的筑巢能力多高强吗？当然不是！秃鹫在建巢的时候，和人类一样，也要经过一番考量，要尽可能地给自己的宝宝建造一个安全的环境，高树无疑就是最好的选择，既可以时刻观察周围的动静，又可以让宝宝远离陆地大型猛兽的威胁。至于来自空中的威胁，有凶猛的妈妈护航，怕什么呢？

鸟的智慧 ②

● 结成群体，让偷袭者不能得逞

我们都知道"人多力量大"的道理，非洲秃鹫也一样，它们明白"鹫多万夫莫当"的道理。非洲秃鹫是独居的动物，只有当感知到周围出现大型掠食动物群体的时候，它们才会迅速结成小群，这个小群体就相当于在周围安置了雷达，每一个方位的动静都能够囊括其中，想要趁机偷袭或者是攻击它们，那是完全不可能的事情。对于侵略者来说，只要秃鹫结成了群体，也就意味着这次行动的失败。

● 谨慎观察猎物是否真的死亡

　　非洲秃鹫的主要食物是动物的尸体，但如果一不小心，秃鹫可能会遇到"诈尸"的情况，使自己由优势变为了劣势。所以在长时间的实践中，它们动用自己的智慧研究出一个"捕尸"计划。它们在自己的巢中观望着，只要发现了落单的被兽群攻击的动物，就会不停地在这个动物的上空盘旋，以察看猎物是否真的死亡。秃鹫们的警惕性很强，至少要观察两天左右。在这段时期里，假如动物仍然一动也不动，它们就飞得低一点，从近距离察看对方的腹部是否有起伏，眼睛是否在转动。倘若还是一点动静也没有，秃鹫便开始降落到尸体附近，悄无声息地向对方走去。这时候，它们会半张开嘴巴，伸长脖子，展开双翅随时准备起飞，同时又走近一些，在接近猎物后，它们会发出"咕喔"

鸟的智慧2

声,见对方毫无反应,会先用嘴啄一下尸体,然后马上又跳开。它们再一次察看尸体,如果对方仍然没有动静,非洲秃鹫便彻底放下心来,一下子扑到尸体上开始狼吞虎咽。

● 无力抵抗,举白旗也没关系

秃鹫在吃食的时候,脖子的颜色会变成红色,这是在告诫自己的同伴或其他的鸟类:不要轻易靠近我!但是强中自有强中手,当另一只强大的秃鹫来争夺猎物的时候,这只秃鹫无力抵抗,只好把自己的脖子颜色变为白色,这是它举起了白旗。秃鹫失败之后并不会做出过分的举动,只是慢慢地恢复了正常的体色。所谓大丈夫能屈能伸,举个白旗算什么?留得青山在不怕没柴烧嘛。

动物原来是这样

鹞鹰(yào)

类目：鸟纲鹳(guàn)形目鹰科

体长：40～50厘米

善于谋事的智者

鹞鹰的嘴为黑色或者暗铅蓝灰色，下嘴基部黄绿色。它的尾巴上的覆羽为白色，尾羽为灰色，翅膀上长着白色的斑点，下胸部至尾下覆羽和腋羽为白色，站立时外形与喜鹊十分相似，因此而得名。

● 建好巢，雄性开始娶妻生子

鹞鹰的繁殖期一般在5～7月份。鹞鹰做任何事情都喜欢提前做好准备，因此为了宝宝能够更好地生长，每年进入5月，雄性鹞鹰就开始努力建造新的巢。巢建好后，它会在巢附近发出求偶信号，对其倾心的雌性表达自己的爱慕。在这个过程中，雄性会在雌性的身边，直到雌性答应为止。当雌性鹞鹰同意了雄性鹞鹰的求婚后，就会搬到新家里居住，一起过着甜蜜的小日子。不久，宝宝出世了。在照顾宝宝的问题上，雄鹞鹰作为一家之主考虑事情非常周到，它让雌鹞鹰负责照顾宝宝，自己则在外奔波，寻找食物。

● 双翅成"V"字飞行，快速又省力

鹞鹰的飞行速度在猛禽中比较出众，这主要得益于它独特的飞行技术。鹞鹰飞行时展开双翅，让双翅形成"V"字形，这样不仅能减少空气的阻力，还能展现自己完美的飞行姿势，何乐而不为啊。采用这

个方法，一般的动物可从没想到，这就让鹊鹞更骄傲了。为了炫耀自己的飞行技术，鹊鹞每天翱翔在高高的天空，不到万不得已绝不下地。

● 躲避正午太阳

鹊鹞活动的时间集中在上午和黄昏。正午的太阳毒辣辣的，这时鹊鹞是万万不会出现的。要说美丽，鹊鹞那一身漆黑的外羽让它显得魅力十足。但是鹊鹞和人类一样，也懂得黑色吸热的道理，因此它从来不会在烈日下暴晒。除此之外，这也是它防止自身水分蒸发的一个办法。如此看来，鹊鹞躲避烈日的做法确实很有道理啊，其他的鸟儿们也应该向鹊鹞多多学习。

动物原来是这样

动物档案

白头鹞

类目：鸟纲隼形目鹰科

体长：45～65厘米

善用手段的智者

白头鹞的上体为黑色，下体的颜色较淡，头颈部有黑褐色纵斑，嘴为灰色，脚为黄色。白头鹞在吸引异性、保护领地和孵蛋的时候，会发出不同的叫声。

● 我在交配期男扮女装，是为了躲避争斗

白头鹞可以说是自然界中唯一会男扮女装的猛禽。白头鹞有着很强的领域意识，当雄性侵入的时候，一场激烈的战斗不可避免。在交配时期，有一些白头鹞会男扮女装，从而躲避争斗。它们从外表看上去极像雌性，就连雌鸟的行为它们也能模仿得淋漓尽致。雌性的白头鹞一般不会主动攻击，而雄性的白头鹞很少去攻击雌性，这就给那些伪娘的装扮者们带来了无尽的好处。

● 不能让美味的食物招来天敌

一般的猛禽在进食时，总会将自己的餐厅建在巢的附近，所以一些天敌很容易找到它们的藏身之处，并把它们消灭。白头鹞并不这样，它的进食方式是在哪逮到猎物，就在哪吃掉，它的巢附近很少能

看到动物的羽毛。这么做不仅混淆了天敌的视线，也给自身的生存带来了安全感。

● 不顾一切生存

说起残忍，比起老鹰的断翅飞翔来，白头鹞是毫不逊色。雏鸟出生之后，白头鹞会喂养它们几天，观察它们的身体状况，随后残忍的事情就发生了，白头鹞会将弱小的雏鸟撕碎了给强壮的雏鸟吃。虽说这么做是为了适应大自然的残酷规律，但是从母亲对孩子的角度上说，未免太过残酷。也许它会说：鸟类的世界怎能和人类相比呢，优胜劣汰是我们生存的游戏规则啊，能不遵守吗？

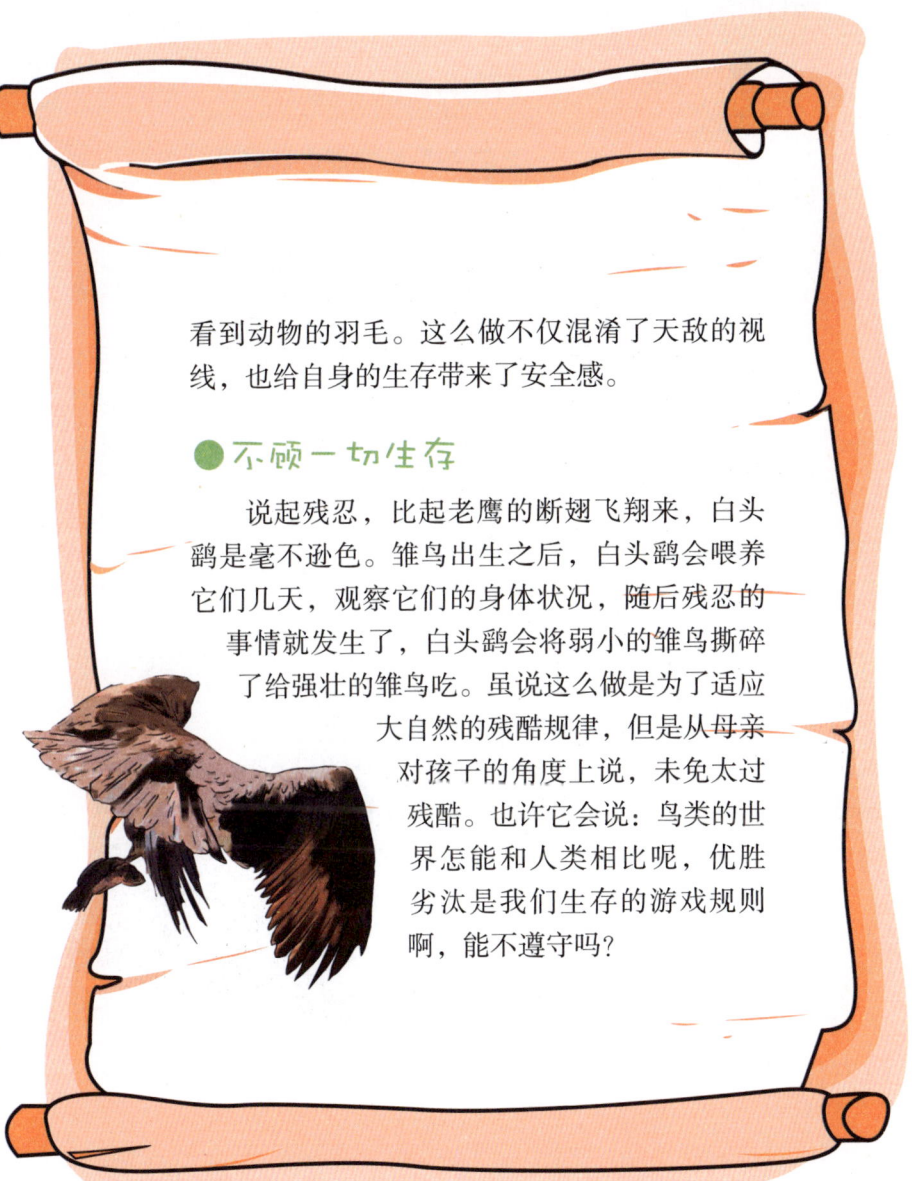

动物原来是这样

动物档案

花头鸺(xiū)鹠(liú)

类目：鸟纲鸮形目鸱鸮科

体长：15~25厘米

会生活的小宝贝

花头鸺鹠的脸庞娇小，上体为灰褐色，覆盖着白色的斑点和横斑，腹部为白色，有黑褐色的纵纹。它的脚强劲有力，能够攀援，爪子大而尖锐。花头鸺鹠栖息在高高的树枝上向远方眺望，且把尾羽高高翘起，样子相当神气。

● 我夜间出行，白天休息

花头鸺鹠在自然界的竞争中总结出夜色就是最好的天然屏障的经验，因此它将活动选在了夜间。白天它站在高高的树枝上，将自己的身体藏匿于密林的最深处。令人惊叹的是，它将自己的巢建在了树叶的中间，阳光一照，叶子的阴影不仅让它的巢舒适凉爽，而且给它的藏匿提供了便利。一旦外界出现危险信号，它就会连脑袋都躲进巢中，不发出任何声音。

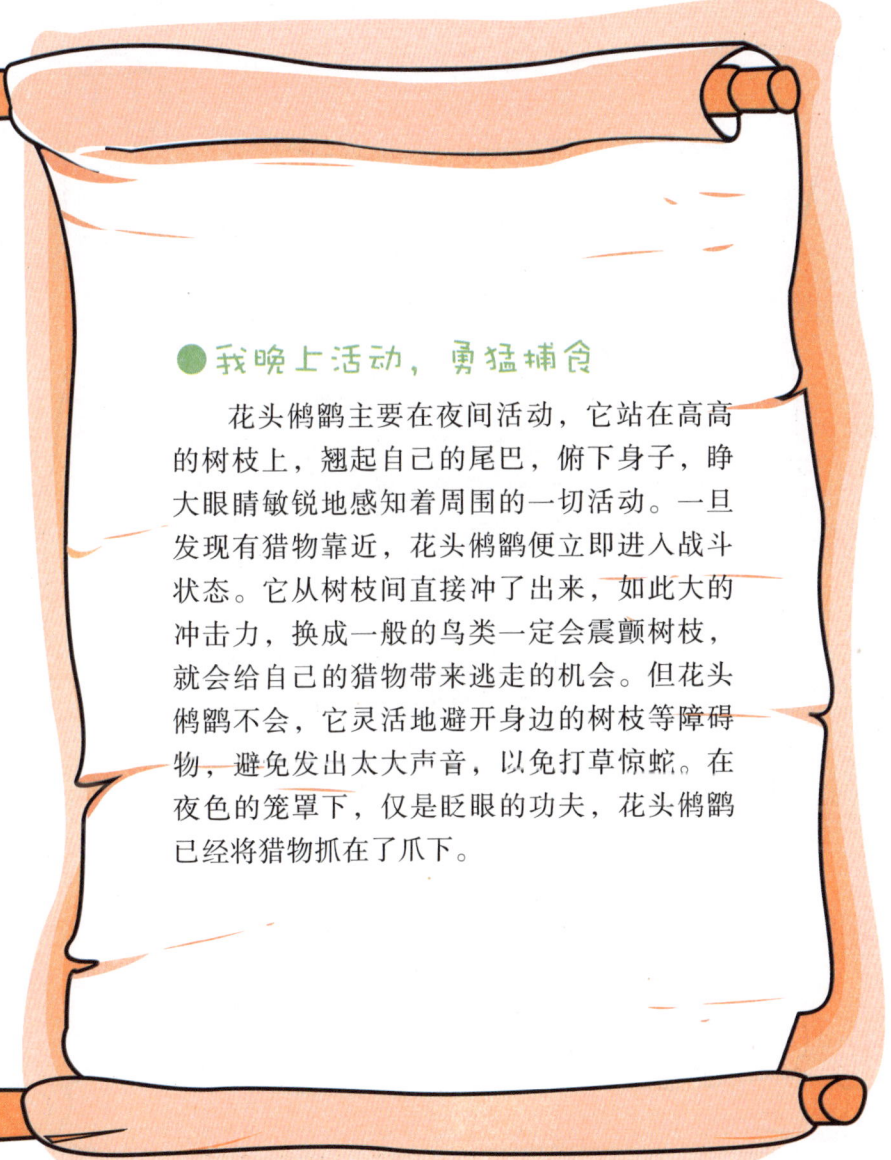

● 我晚上活动，勇猛捕食

　　花头鸺鹠主要在夜间活动，它站在高高的树枝上，翘起自己的尾巴，俯下身子，睁大眼睛敏锐地感知着周围的一切活动。一旦发现有猎物靠近，花头鸺鹠便立即进入战斗状态。它从树枝间直接冲了出来，如此大的冲击力，换成一般的鸟类一定会震颤树枝，就会给自己的猎物带来逃走的机会。但花头鸺鹠不会，它灵活地避开身边的树枝等障碍物，避免发出太大声音，以免打草惊蛇。在夜色的笼罩下，仅是眨眼的功夫，花头鸺鹠已经将猎物抓在了爪下。

动物原来是这样

● 我是留鸟，贮藏食物有妙招

花头䴙䴘属于留鸟类，冬天天气寒冷，但并没有让它变得手足无措。它在与自然长期地斗争中学会了冬季贮藏食物，安然越冬。花头䴙䴘在入冬之前就开始大量猎获食物贮藏在树洞中。猎食容易，可是要想把食物藏好，不被其他动物发现可就不太容易了。但这个难题对于花头䴙䴘来说，简直就是小菜一碟。

它用自己尖利的爪和嘴在树干的顶端挖出一个个小洞，将自己的越冬食物全部整齐地放进洞中。再用嘴衔来树枝和树叶，最里面一层先用树叶覆盖得严严实实，算是给食物加上了一层保鲜膜，然后在外面用细小的树枝一点点将洞口全部覆盖。花头䴙䴘在挖洞之前会经过一番精心考察的，它将洞挖在密林深处，这样又给自己的食物冰窖添加了一层屏障。如此高超的贮藏技术，让它安然度过了一个个冬天。

鸟的智慧❷

游隼

类目：鸟纲隼形目隼科

体长：35~50厘米

不能惹的"猎人"

游隼是世界上飞行速度最快的飞鸟之一，也是白天活动的陆栖鸟类中分布最广的，除了南极洲之外，各大洲都可以见到它们的身影。游隼的羽衣颜色多变，胸口到腹部为米色至赤褐色，背部为黑灰或蓝色。幼鸟的体羽为棕色，边缘为浅黄色，胸部有垂直的斑纹。

● 猎捕技能高超

游隼有着惊人的捕猎能力，任何动物一旦被它盯准，要想逃脱，简直是难如登天。为什么游隼有如此高超的猎食本领呢？游隼看惯了自然界的生存竞争，知道没有能力便无法生存的道理。因此平时苦练猎捕技能。它凭借着惊人的飞行速度，先飞到猎物的上空占领制高点，然后将自己的双翅慢慢收拢，以25°的角度向下俯冲，当接近猎物的时候，它伸开双翅和双脚，直接将猎物紧紧地抓起来，再用力向下摔去，直到猎物不能动弹，就可以停下来慢慢享用胜利果实了。

● 我要在空地上营巢，比森林中还安全

和大多数种类的猛禽不同，游隼建巢时，不会将巢建在林间，而是将其建在开阔的空地之上。这可真是奇怪，难道它不畏惧危险吗？你可不要怀疑游隼的智商，或许它比你聪明呢。空地上毫无遮蔽物，

这虽然增加了游隼的危险,但同时也为其带来了保障。试想一下,几乎没有什么大型的动物敢在开阔的平地上行凶吧,而且,即使有,凭借游隼的飞行技术,在毫无阻拦的状况下,又怎么会被伤害到呢?如此看来,平地上确实比茂密的大森林中更为安全。

●赶快离开我的巢,不要挑战我的耐性

游隼的护巢性很强,一旦发现有人侵入了自己的领地,它就会警觉起来。例如,领地内的游隼见其他游隼刚刚接近它的巢,便立即竖起羽毛,张开翅膀,摆出一副决斗的样子。如果其他鸟类有如此高的警惕性,或许就不会发生鸠占鹊巢的事情了。

鸟的智慧 2

智慧档案

黑翅鸢（yuān）

类目：鸟纲隼形目鹰科

体长：30～35厘米

注重实际的鸟儿

黑翅鸢的嘴为黑色，前额为白色，头顶为灰色。它的上体为淡蓝灰色，肩的大部分为黑色，下体为白色。黑翅鸢栖息在开阔的农田、草原地区，喜欢在早上和黄昏时外出活动。

● 你们都走了，我的天地真开阔

黑翅鸢不喜欢自己居住的地区太拥挤。春夏季节，是所有的鸟儿出来活动的时节，这时黑翅鸢只好暂时忍耐一下。到了秋冬季节，许多鸟儿忍受不了严寒的天气，不得不远飞寻找温暖的地方以安然越冬，但黑翅鸢却不怕，它厚厚的羽毛成了越冬的棉衣，悠然地从这里蹦到那里。事实上，黑翅鸢选择留下来有自己的打算。虽然这里的气候越来越寒冷，但是其他的鸟儿天暖的时候留下来的食物也足够维持它安然越冬了，而如此开阔的天地间只有它自己，是多么惬意的一件事，飞到哪里都不用担心有谁会与自己争夺地盘。

● 生命要紧，不能挑食

黑翅鸢的生活范围广泛，从平原地区到4000米的高山地区，几乎都有分布，这也决定了它的食物来源很广泛。鸟儿是很难养的一种动物，因为食性单一，又不肯食用自己平时不愿意吃的食物，所以在食物比较缺乏的时候，常常会因饥饿而死。黑翅鸢看着一个又一个的生命终结，它无数遍地告诉自己：绝对不可以挑食，即使是自己不愿意吃的食物也要咽下去，这样才能保证自己的生命不会受到威胁。

● **我的V型双翅，好看又省力**

黑翅鸢的双翅在飞行的时候呈V字形，这样的飞行技巧是黑翅鸢在长期的经验总结中得到的。采用V字形翅膀飞行，不仅有利于减少空气对自己的阻力，而且还能在飞行中形成优美的弧线，将自己曼妙的身姿展示在辽阔的苍穹之下。如此一举多得的事情，何乐而不为呢？与群鸟相比较，黑翅鸢的飞行更显示出了它的技巧和特色。

鸟的智慧 2

动物档案

红头美洲鹫

类目：鸟纲隼形目美洲鹫科

体长：64~81厘米

智能降温的精明者

美国人通常将红头美洲鹫称之为鸟，它的栖息范围较广，从加拿大南部一直延伸到火地岛。它是唯一一种具有灵敏嗅觉的猛禽，这一本领让它即便身在茂密的丛林中，也可以发现猎物。

● 任何猎物逃不过我的鼻子

红头美洲鹫，光听着这名字，是不是就觉得非常酷。这位老兄有一项比较特殊的才能，就是能用鼻子来判断猎物的方位，这在猛禽世界中可是独一无二的。红头美洲鹫对于猎物气味的辨别能力非常强，当闻到猎物的气味之后，它的大脑会自动生成猎物的具体位置，然后直奔那里，将这可口的猎物抓到手。

● 将粪便排到脚上来降温

炎炎夏季，那些红头美洲鹫是怎么样降温的呢？当夏季的时候，红头美洲鹫会将粪便排在自己的脚上，粪便蒸发的时候，会从脚上吸取热量，从而达到降温的效果。不仅如此，粪便排在脚上还能够冷却脚部的血管，来帮助降温。因此，红头美洲鹫的脚上经常会出现一些白色的尿酸纹路。虽然说这种降温方法很恶心，但也不能否认这一招确实有效。

动物原来是这样

● 我的翅膀功能多

鸟类的翅膀一般是用来飞翔的，可红头美洲鹫的翅膀除了飞翔之外，还有很多的功能。比如每当下雨的时候，美洲鹫会张开双翅，以此来保温和防止淋湿。当晴天的时候，美洲鹫也会张开翅膀，这样能够让阳光照射进来，可以烘干身体，并消灭身上的细菌。

鸟的智慧 ❷

动物档案

双齿鹰

类目：鸟纲隼形目鹰科

体长：30～40厘米

倾斜飞行的高手

双齿鹰上体的羽毛为深蓝色，下体胸腹部的羽毛为棕红色，眼睛呈棕红色。它的双翼展开后露出排列整齐的扇形色带和斑纹，所以在空中盘旋时身影非常漂亮。

● 我会隐形术

双齿鹰有很高的隐形术，它的体表颜色比较深，即使它不刻意隐藏，站在树丛中也很难被发现。

一只大鸟好几天没有饱餐一顿了，忽然发现了双齿鹰，见到如此美味的食物怎么能够放过呢。于是大鸟在双齿鹰的身后穷追不舍，双齿鹰则奋力向前逃跑，怎奈实力相差比较大，双齿鹰甩不掉这个麻烦，危险越来越近了。就在这紧急时刻，双齿鹰集中精神蹿到近旁的一棵大树上，安稳地站在树枝之间。一时间大鸟居然慌了神，因为它找不到双齿鹰了。双齿鹰知道危险还没有离开，它躲在树枝间丝毫不敢动弹，幸亏它身体的颜色和树的颜色浑然一体，让大鸟没了方向。双齿鹰充分利用自己的这一优势，巧妙地保护了自己。

● 身体倾斜，飞得更快啊

双齿鹰的飞行技术很好，与其他鸟类不同的是，它还有自己的助

动物原来是这样

飞秘诀。双齿鹰飞翔时双翅展平，会出现一定的倾斜角度，这个角度也是它经过无数的实验得出的结论。

将三只鸟放在同一起飞地点，让其中的一只鸟保持平衡飞行，而且翅膀扇动速度达到最大；另一只鸟将翅膀展平倾斜到合适的角度，以一定的速度飞行；第三只鸟也属于倾斜飞行，只是飞行的角度不做规定，当然除合适角度之外。三只鸟都开始起飞，起初第一只鸟领先，第二只鸟在中间，最后一只鸟怎么也飞不快。过了半个多小时，顺序就发生了变化，第二只鸟成了飞行最快的一只，而且看起来毫无疲惫的感觉，第一只鸟反倒因为飞行时间过长而疲惫不堪，退到了中间，第三只鸟仍然飞在最后。

如此简单的一个实验，说明了聪明的双齿鹰找到了一个帮助自己飞行省力还能加速的好方法，就是选择一个合适的倾斜角度，这样不仅能减少了空气对双齿鹰的阻力，还能承接风的助推力，使飞行速度大大提高，达到事半功倍的效果。这就是双齿鹰的聪明之处。

● 不要躲，你是逃不掉的

双齿鹰捕食的范围很广，无论在飞行中还是栖息在树上，它都会警觉地注视着周围的一举一动，一来可以发现更多的猎物，二来能够观察到自己周围的情况，看清楚是否存在着危险。如此高的警觉性连人类都不得不佩服。

双齿鹰敏锐的视觉能力主要体现在它的捕猎方面，几乎没有什么动物可以逃脱它的眼睛。不管小动物们躲藏得多么隐蔽，只要稍有动静，双齿鹰就能根据周围草木的摇动，准确地判断出小动物们藏在哪里，真是比侦探还要厉害三分。

鸟的智慧 2

安第斯神鹰

类目：鸟纲隼形目鹰科

体长：1.5米左右

懂得扬长避短的王者

安第斯神鹰是世界上最大的飞禽，体色和羽毛为黑色，雄性的喙基部有一个肉瘤，脸裸露呈红色，两翼上有大白斑。雄鹰的瞳孔为褐色，雌鹰的则为深红色。安第斯神鹰飞行速度快，特别擅长远距离飞行。

● 不能靠钝爪对付活物，只能抢夺别人的食物

人类知道"扬长避短"之说，殊不知在自然界有这么一群动物，也知道要掩盖自己的短处，充分发挥自己的长处呢。这种动物就是安第斯神鹰。也许安第斯神鹰每天都抱怨："给了我这么巨大的身体，却给了我这么迟钝的爪子，让我怎么生存？"但抱怨归抱怨，生活还得继续。安第斯神鹰知道如果靠自己的爪子吃饭的话，非得饿死不可。于是它选择跟踪一些食肉性的动物，等到那些动物将其他猎物杀死之后，它会和那些动物一哄而上去抢食。就这样，用抢夺别人食物的方法，来发挥自己的长处，虽然卑鄙，却是一条生存之路啊！

● 借助外力能够飞得更高

安第斯神鹰的翅膀张开后，最大长度可达5米宽，如果只是用蛮力飞行，那么它的体力绝对支撑不了多久。看到你怀疑的眼神，安第斯

动物原来是这样

神鹰或许会在心中嘀咕："你们人类懂得借助外物,难道就不允许我们借助外力么?"是的,安第斯神鹰在飞翔的时候,对于山间的气流方向把握非常到位。在飞翔的时候,它的翅膀就是一个方向盘,经过大脑的指令,来旋转变化飞翔的姿势,这可不是为了选美,而是为了保存体力。在休息的时候,它选择的地方也让其它的鸟类望尘莫及。它并不选择那些平坦的陆地或者起伏的山间作为休息地,而是选择在危险的悬崖上,这样可以在休息的同时还不会停止锻炼,可谓争分夺秒地提高自己的能力,如此敬业,舍它其谁?

● 吃得多,是为了减少捕食次数

安第斯神鹰是一种比较贪食的动物,当遇到食物的时候,不将食物吃完誓不罢休。或许人们会说,这动物也太贪心了吧,难道不明白吃多了难消化的道理吗?当然不是。因为吃得多,自然可减少捕食的次数,这不仅给自己腾出时间来在悬崖边"打坐",还可以让自己有更多的时间消化清理肠胃,它可不想做"落地就饿"的鸟类。虽然说勤劳的鸟儿有肉吃,但是在安第斯神鹰的世界中,勤劳的鸟儿饿得快,贪婪的鸟儿才享福。安第斯神鹰在饱食一顿之后,可以两个星期不吃东西。

鸟的智慧②

动物档案

非洲鬣(liè)鹰

类目：鸟纲隼形目鹰科

体长：60～70厘米

以"脚"行走天下的独行侠

非洲鬣鹰的额头和头顶覆盖淡灰褐色的绒状羽毛，上体为黑色，下体为淡棕色，尾羽呈银灰色，且中间有一条白色横纹。它喜欢在空中进行滑翔飞行，盘旋着寻找猎物。

● 我的脚能稳固身体，还能抓到猎物

非洲鬣鹰的脚趾间的关节能够弯曲到30°，这为它的捕食带来了很大的方便。当它发现一个树洞的时候，就快速飞过去，一只脚紧紧地抓住树洞的边缘，另一只脚则小心翼翼地伸进洞中，将里面的雏鸟或是幼鼠拉出来。从外面看上去，它就像在擦玻璃一样，一只脚稳固身体，另一只脚则加紧干活。

● 我喜欢吃乌龟

非洲鬣鹰喜欢吃别的猛禽啃不了的骨头，还喜欢吃乌龟。当它捉到乌龟的时候，就叼着乌龟飞到一个很高的山谷上，然后使劲往下摔，接着再飞下来食用。乌龟壳比较硬，有时连摔几次也摔不碎，这时非洲鬣鹰就没有什么耐性了，干脆将这可怜的乌龟扔在山谷中，致使乌龟被活活地渴死。所以有些时候，人们会在山谷中发现乌龟的尸体，还以为它是想不开自杀了呢！

动物原来是这样

● 地方广视野大，小猎物别想逃

非洲鬣鹰可不喜欢挤在一个小旮旯里，它喜欢在比较广阔的平原休息。这样做可以让它及时地发现猎物或者是躲避天敌。非洲鬣鹰的视力很好，在比较开阔的地方，小猎物要想逃过它的视线可谓是困难至极。

鸟的智慧 2

苍鹰

类目：鸟纲隼形目鹰科

体长：48～70厘米

生活中的强者

苍鹰是丛林中身手矫捷的猎食者之一。分布在各个地区的苍鹰的体羽差异很大，比如亚洲的苍鹰颜色较淡，北美洲的苍鹰则头部颜色较深。

● 我躲藏着等待时机，争取一击将猎物拿下

苍鹰并不像其他的鹰类一样在空中翱翔，它是一个隐藏高手，平时很喜欢躲避在树林间，悄悄观察着外面的世界。它明白"欲速则不达"的道理，每当看到自己的猎物时，它也不着急，而是在一边发挥自己的观察力，等时机一到，它就会迅速出击，一击致命，可谓快、准、狠，真是百闻不如一见哪！假如人类拥有这样的耐心，个个都是合格的侦察兵了。

● 我也需要浴火重生啊

苍鹰是一种很神秘的动物，当它的年龄到达40岁的时候，爪子已经开始逐渐地老化，鸟喙也逐渐变得又弯又长，从而阻碍进食。这个时候，它们就会跑到悬崖边上，每天用自己的鸟喙去碰撞岩石，直到鸟喙完全脱落，重新再生长出新的鸟喙。然后再用新长出来的鸟喙将自己的旧指甲一根根地拔掉，等待着新指甲的生长。就这样，经过残

忍的涅槃再生过程，苍鹰又重新翱翔在蓝天之上。这种再生过程，与其说是生存的智慧，倒不如说是智慧地生存。这种生存方法，恐怕连人类都无法比拟。

● 我的尾部和翅膀就是一个变速器

在苍鹰的迁徙期外，很难在天空中看到它们的身影。俗话说"深藏不露"，这句话送给苍鹰再合适不过。见过苍鹰飞行的人一定很惊奇。因为苍鹰在飞行的过程中，它的尾部和翅膀成了一个变速器，可以调节飞行的速度和方向。树林间的飞行对它来说毫无障碍，它可以轻巧地避开前方的障碍物，忽高忽低，就像在玩杂技。真可谓是不飞则已，一飞就要飞出独一无二的气概。

鸟的智慧 ②

● 孩子，我用我的残忍给你搏一个精彩的天空

苍鹰教育小鹰的方式几近残忍，甚至有时候连猎人见了都不忍心。小苍鹰出生后享受不了几天的母爱，然后就被自己的妈妈带到悬崖边，毫不迟疑地被扔了下去。小鹰为了活命，只能拼命地拍打自己的翅膀，有的小鹰因为体弱，最终葬身崖底。等到小鹰稍大一点之后，母鹰便会进行另一轮的训练，它们将自己孩子的翅膀折断，然后再把它们推下悬崖，生存下来的小鹰就会长出更加坚硬的翅膀。小苍鹰就是这样经过一轮又一轮的磨练，最终成了那个翱翔于天空的王者。苍鹰的教育方式的确残忍，但地狱般的磨练却换来一生幸福快乐的生活。

动物原来是这样

雀鹰

类目：鸟纲隼形目鹰科

体长：30~40厘米

会拼才会"赢"

雌雄雀鹰在体型和体色上有明显的差异，雄鸟的上体呈暗灰色，头顶、后颈的颜色较暗，前额略微点缀些棕色的斑点。雀鹰在繁殖期时叫声频繁，声音洪亮。

● 我飞累了，改滑翔

任何事情做久了都会感到疲累，这时需要休息一下。我们常常看到电线杆的电线上停留着好多麻雀，实际上，它们是在休息，恢复体力。雀鹰可是聪明多了，它为了让自己飞翔时省力气，就采用了另一种飞翔方式——滑翔。雀鹰飞翔感到疲累时，就不再扇动自己的翅膀，而是将双翅展平，依靠空气的浮力在高空中平稳地继续飞翔。两种飞翔方式交互进行，使它的飞行变得有力而灵巧，得以在高空和树丛间自由地穿行。

● 我擅长伏击猎食

雀鹰可以算是鸟类中的捕食高手了，它有高超的捕食能力。它喜欢藏在自己的栖息地进行"伏击"。它悄悄地站在高高的树梢上，不发出任何声响，静静地等待着猎物到来。一旦有猎物靠近，它便以迅雷不及掩耳之势将之置于自己的利爪之下。虽然抓住了猎物，但雀鹰并不敢放

松警惕,猎物在雀鹰的爪下拼命挣扎。雀鹰懒得和它进行较量,而是选择了更为简便的一个方法。它迅速回转身子,扇动双翅直接冲入高空,到达合适的高度,雀鹰松开自己的爪子将猎物直接摔到地上。最后一顿美餐就会顺利进入了雀鹰的口中。

● 以弱胜强,拼的是耐力

在食物缺乏的时候,雀鹰也会冒险去捕食那些体型大过自己的猎物。一般来说,以弱胜强可不是容易的事情,但雀鹰却做到了。人类总是认为速战速决才是胜利的关键,但是当真正遇到强大的对手时,一味地讲求速度不但没有必胜的希望,很可能还会丢掉自己的性命。雀鹰早就知道了这个道理,因此遇到比较大型的动物时,它并不会采取这样的战略方式。它一次又一次地骚扰敌方,直到对方的耐心和斗志被消磨殆尽,放松了警惕,雀鹰便趁其不备,发动猛烈进攻,最终将这一强大对手打败,成为自己的腹中美食。

动物原来是这样

金雕

类目：鸟纲隼形目鹰科

体长：75~90厘米

高速俯冲的能手

金雕是北半球陆地上体型最大的一种雕，羽翼展开长达2.3米，体羽通常为深棕色，因为其颈背与头顶长有金色或者黄褐色的羽毛，故而得名。金雕的捕食范围十分广，而且不管猎物是活，是死。野兔、松鼠、松鸡等都是其捕食对象。

● 将猎物分成两半运送

我们知道，一样东西分两次来拿，就显得轻松很多。金雕便是这种方法的执行者。金雕虽然很凶猛，但是它的承载能力非常差，所以当它抓捕到大型的猎物时，会先吃掉其零散的内脏，然后再将猎物分成两半，分批运送。这种方法固然是聪明，却也总会上演剩下的猎物被其他动物偷走的悲剧。

● 发现猎物，高速俯冲，说停就停

金雕是一种善于翱翔的猛禽，在空中飞行时，通常呈直线或者是圆圈状，双翅则是成"V"状，不停地在空中变换自己的姿势。一旦发现猎物之后，就会以每小时300千米的速度俯冲而下，不免让人为它担心。但是这种担心显然是多余的，它能很好地控制住自己的速度，到了猎物面前，总能够及时地收住翅膀，将猎物逮住。不得不说，这种技能，其他的鸟类可不敢模仿，因为一个不小心，俯冲速度收不住会

鸟的智慧❷

和大地来个亲密接触，最后很可能酿成悲剧。

● 宝宝的命在人家手里，我怎么能轻易攻击

曾经有一个科学家为了研究金雕，在金雕巢对面搭建了一个简陋的据点进行观察。但是金雕可不是好惹的动物，看着莫名其妙出现的"不明物"，它一次次地向这个科学家发动攻击。它每天的工作就两项，第一捕食来喂养雏鸟；其次便是和科学家展开搏斗。有一次，金雕外出觅食，一只金雕宝宝不小心掉出了巢外，这位科学家赶忙上前营救。这时金雕妈妈也回来了，看着科学家，它没有像往日一样发动攻击，而是静静地看着自己的宝宝，直到科学家将它的宝宝放入巢后，它才放心地去给宝宝们喂食。想必这个金雕妈妈知道宝宝的命在别人的手中，可不是自己逞强的时候，要随机应变才是。

动物原来是这样

● 空中捕食，
猎物落在我
"怀"中就行

　　金雕捕食有一个特技，那就是当猎物因为惊吓而飞起的时候，金雕会追至最接近它的位置，忽然变换自己飞翔的姿势，使得腹部在上，将猎物纳入自己的"怀中"，这在动物界中是绝无仅有的。如果是其他的猛禽，可能会猛追死打，最后即便逮到猎物，却也累得气喘吁吁。金雕的这种捕食方法省了很多的事，你飞就飞吧，没关系，只要落入我的"怀中"就行。

鸟的智慧 2

动物档案

鬼鸮

类目：鸟纲鸮形目鸱（chī）鸮科

体长：25厘米左右

用声音当武器的小家伙

鬼鸮的额、头顶和枕部为褐色，且略带白色椭圆形的斑点，头大，眼圆，眉上扬，一副吃惊的神情，胸部以下为白色，有褐色纵斑。鬼鸮白天躲在茂密的森林里，晚上出来活动。

● 声音能作为捕食猎物的武器

鬼鸮，只听其名字就怪让人害怕的。它叫起来的声音有些像笛声，但因为声音长短不一，加上鬼鸮主要在晚上活动，因此它的叫声听起来阴森恐怖，真的像鬼哭一样。鬼鸮深知自己的优势，因此对其加以更好的利用。它不仅将声音作为抵御敌害的一种武器，发出一些古怪的声音将其吓走，而且还将自己的叫声作为猎食的一种手段，一旦发现胆子比较小的动物，鬼鸮也会不断发出自己的叫声扰乱小动物的心绪，趁其不备再将其抓获。

●体型虽小，但我的杀伤力可不弱

鬼鸮是猛禽中体型较小的一类，因此许多动物都不把它当回事，认为它对自己构不成威胁。不过这样想的动物们可是大错特错。体型小虽然是缺点，但是鬼鸮却把它转化成了自己的优点。看，鬼鸮追着一只正飞得高兴的喜鹊，距离越来越近。鬼鸮的体型小，羽毛柔软，因此飞行中几乎没有声音，它已经到了喜鹊的跟前，喜鹊居然还丝毫没有察觉到自己身边危机四伏。终于，鬼鸮一个加速度，用双爪抓住了喜鹊的身体，飞到自己巢内，慢慢享用美餐了。

怎么样，如此敏捷机警的猎杀机能，是不是也让你心生敬佩啊？有那么一句话，"再小的老虎它也不是猫"，即使鬼鸮体型小，也不能忽视它的杀伤力。

鸟的智慧 ❷

● 恋家的留鸟

鬼鸮属于留鸟,很少会出现迁徙活动,或许它和人一样,对于自己的家非常留恋,宁愿忍受冬季的严寒,也不愿意离开自己早已习惯的生活环境吧。但是在如此恶劣的环境中,生存总成为一个问题。鬼鸮为了安然度过冬季,它会提前将所有的问题都考虑清楚并找到解决办法。

鬼鸮在冬季来临之前预备好自己的过冬粮食,为自己的巢增加羽毛和干草,这样就能够抵御寒冷。如此精心的安排,简直胜过人类了。

动物原来是这样

雪鸮

类目：鸟纲鸮形目鸱鸮科

体长：55~70厘米

身穿白大衣的"天使"

雪鸮的体羽全身为白色，是最容易识别的鸮类之一。浓密的羽毛一直覆盖到足趾，就连喙部大部分也被羽毛所覆盖。这种鸟具有很强的抗寒力。

● 天气炎热，我张开翅膀散热

雪鸮生活在寒冷的地区，它的身上披着厚厚的绒毛，可以起到很好的保温作用，但受不了炎热的天气。那么遇到炎热的天气该怎么办呢？人们都知道，天气炎热的时候，头发披在后背上，会加重炎热的程度，而雪鸮本身穿着厚厚的外衣，再加上翅膀的相互重叠，炎热程度可想而知。所以这个时候，雪鸮就会张开自己的翅膀，给身体减少压力，让热气散播出去，以此来降低身体的温度。

● 我拍，我拍，我拍拍拍

当雪鸮发现猎物的时候，它可没有耐心跟猎物周旋玩耍，为了尽快地吃到美味的食物，它会一边追一边拍打着猎物，直到那猎物被拍得晕头转向、筋疲力尽。这时雪鸮一冲而下，咬断猎物的脖子，美美地饱餐一顿。看来，在残酷的自然界中，还得用武力说话。

鸟的智慧❷

● 为了孩子的安全，严加防范侵犯者

雪鸮生活在特别危险的环境中，它们要面临很多的敌手。当雪鸮繁殖的时候，一般会选择在隐蔽性很强的高木上，在平原山区的时候，它们会找一些地面上的凹陷处，或者在地上挖坑产卵，然后在周围铺上一些植被作为掩护。雪鸮会在巢周围的1~2平方千米内严加防范，只要侵略者走进这个范围，雪鸮就直接将它驱逐出去，完全不给侵略者靠近巢的机会，可谓是防范有加。

● 用"食物"引诱异性

有人认为，有面包的爱情才是完美的。殊不知，雪鸮在生活中，更是将这种观念贯彻到底。当雄雪鸮在追求异性的时候，总会将自己储存的食物展示给雌鸟看，告诉它：看，我可以给你一个丰衣足食的生活。这样很容易吸引雌鸟注意，在雌鸟看来，吃饱肚子比什么都重要。

●抵御严寒有方法

雪鸮喜欢生活在寒冷的地带，这与它自身的体质有关。雪鸮全身都覆盖着浓密厚实的白色羽毛，这使得它在寒冷的冬季也能保证自己的体温保持在38℃~40℃，真可谓是穿了一层厚厚的棉衣。不仅如此，雪鸮抵御严寒还有自己的一套方法。

每当遇到大风天气时，雪鸮会立即寻找到裸露的岩石、雪堆或者干草堆等作为自己的避风港，以此来躲避强风的侵袭。如果遇到下雪天，聪明的雪鸮也能应对自如，它会停止自己的行程，然后在地上蜷缩成一团，用自己厚厚的羽毛来抵御冰雪的寒冷天气。

鸟的智慧 2

● 我的羽毛与雪一样,能避免争斗

雪鸮羽毛的颜色接近白色,在冬季和雪景融为一体,羽色成为它天然的保护色。雪鸮不喜欢与其他动物进行争强,它利用这一优势,尽量避免争斗。即使是到了春季,冰雪开始慢慢融化,雪鸮还会挑选残存冰雪的地方生活,能隐则隐,成为真正一个隐士或许才是它的梦想。

● 追女友,要用心表达真情真意才行

雪鸮是求偶最卖力的一类猛禽动物。到了繁殖季节,雪鸮一旦遇到自己心仪的对象,就会像人类一样展开猛烈的追求攻势。雪鸮的恒心是非常强的,雄性雪鸮会想尽一切办法来打动雌性雪鸮的芳心,直到对方同意为止。

雄性雪鸮在雌鸟同意前会进行各种各样的表演,从飞翔到腾空传食,再加上展示自己的全部存粮,以此来表达自己的真情真意。雌鸟最终抵不过如此富有魅力的追求,会点头答应,与雄鸟一起幸福生活。

动物原来是这样

动物档案

蛇雕

类目：鸟纲隼形目鹰科

体长：55~75厘米

善在高空盘旋的飞行者

蛇雕的上体呈暗褐色或灰褐色，头顶和扇形冠羽为黑色，下体为皮黄色或棕褐色，且附有白色的细斑点。虹膜为黄色，嘴为蓝灰色，跗跖上覆盖着坚硬的鳞片，犹如盾牌一般，能够阻挡蛇的毒牙。它的翅膀宽大、羽毛丰厚，脚趾短粗。蛇雕除了捕食蛇外，还捕食蜥蜴、鼠类、鸟类等小型动物。

● 抓蛇方法有一套"独门秘笈"

蛇雕抓蛇的方式很奇怪。首先它盘旋在上空，查探蛇的影踪，等发现目标之后，蛇雕就悄悄地从空中落下，用它那锋利的脚爪将蛇抓住，用嘴部咬蛇头。蛇也并非等闲之物，当遇到危险的时候也会奋力反抗，这时你就会看到蛇雕很老练地用翅膀稳住身体，脚爪不停地拍打着蛇，直到这条蛇有气无力奄奄一息，才慢慢地将它吞下肚。

● 我天生能制服蛇，能躲掉它对我喷的毒液

世界上以蛇为食的动物并不多，蛇雕就是其中的一个。有很多人都认为蛇雕应该不吃毒蛇，否则它怎么能够躲得过毒液。其实不然，蛇雕可不管什么有毒无毒，蛇雕对于蛇类好像天生就有制服的本领，它的动作非常的敏捷，毒蛇每一次喷射毒液，它几乎都能够躲过，这

鸟的智慧 ❷

可是它一直引以为傲的本领。正所谓，没个两下子，怎敢惹毒物啊！因此，也有人都认为蛇雕是一种有毒的鸟类。

● 蛇雕宝宝必须学会飞翔，否则迟早成为别人的食物

蛇雕的宝宝从小也受到了别样的"呵护"，蛇雕宝宝刚刚出生没多久，就会被蛇雕妈妈扔出巢外，致使很多的蛇雕宝宝被摔得血肉模糊，可是当你扭头去责备蛇雕妈妈的时候，你会被它眼中的泪水所震撼。这个时候，你才知道，它是怀着怎样的心情来适应大自然优胜劣汰的生存模式啊。虽然失去了一个宝宝，却能够让剩余的宝宝活下来，这何止是用智慧二字能够说明的呢？如果宝宝在这个季节学不会飞翔，迟早都会成为别人家的盘中餐，与其这样，不如奋力一试，说不定还有存活的希望。

动物原来是这样

动物档案

白头海雕

类目：鸟纲隼形目鹰科

体长：71～96厘米

强盗头领

白头海雕长着纯白色的头颈，宽大的黑棕色羽翼，还有黄色的巨大的鸟喙，因此很容易辨认。白头海雕的幼鸟需要花费5年的时间，才可以长出完美的成鸟羽毛。它觅食的对象主要包括小鸟、腐尸等。

● 杀死猎物的方法是将它从高空摔落在地上

大多数猛禽抓到猎物后，都会用坚硬的嘴或者强而有力的爪子将其撕裂分食。白头海雕对这种行为充满了鄙夷。只见它用爪子直接抓起自己刚刚捕获的猎物冲上云端，然后松开爪子，猎物毫无防备地就从高空摔落到地上，生命立即就结束了。这时白头海雕会飞到猎物身边，开始享受起自己的美食，它昂着头，好像在说"哪里用得着那样费劲，多简单的事情啊"！

● 我是强盗，抢夺其它动物的食物

白头海雕虽然捕猎能力很强，但是它也有好逸恶劳的习性。在食物比较缺乏的时候，白头海雕会放弃自己亲自捕食，而选择做个强盗。它在半空中翱翔，看似悠闲，事实上是在等待目标，当发现有其他鸟类嘴里叼着食物时，它就会毫不犹豫地飞过去抢夺。那些比较弱小的鸟类畏惧它的强势，只能自认倒霉了。除此之外，白头海雕看到

正在吃腐肉的秃鹫，就会将其赶走，然后享用那些剩肉。更为霸道的是，有时候即使自己爪下有捕到的食物，当它看到鱼鹰爪中的猎物时，它也会丢弃自己的，抢走鱼鹰的食物，自得其乐地享受做强盗的快乐。

● 兄弟姐妹之间也要厮杀，强者才能生存

白头海雕在自然界的竞争中逐渐变得凶猛残忍，不仅会欺辱那些比它们弱小的动物，甚至还会出现骨肉相残、兄弟姐妹互相斗争的现象。

小海雕刚刚出生，必须要接受父母的哺育。海雕妈妈每天辛苦地捕获食物，然后一点点地喂给宝宝们。因为食物有限，所以小海雕们每天得到的营养根本不够。小海雕很小就认识到了这一点，所以它们互相之间就展开了厮杀，活下来的兄弟姐妹越少，得到的食物就会越多。就像人类一样，为了权势和钱财不断进行争斗，敌人越少，利益就会越大。看来为了更好地生存，不仅是人类，就是动物之间也存在着"本是同根生，相煎何太急"的现实。

动物原来是这样

食猿雕

类目：鸟纲隼形目鹰科

体长：86~100厘米

守株待兔的猛禽

因为受到捕猎和砍伐森林的威胁，食猿雕已经成了世界上最稀有的猛禽之一。

● 给自己足够的生存空间，让种族繁衍下去

食猿雕是一种特别罕见的猛禽，主要生活在菲律宾。别的猛禽都是占地几千米的距离，有一个栖息的地方就可以，食猿雕却不一样，它的地盘达到30平方千米，完全就是一个山大王。不过它这么做也是为了自己种族的繁衍，从自己宝宝的安全考虑。世界上仅存的食猿雕并不多，如果它们再没有一点保护意识，迟早都会面临灭绝。

● 头上的毛发竖立起来，吓住猴子

食猿雕头上的毛发很是奇怪，日常的时候，毛发顺顺地贴在食猿雕的脑袋上。当食猿雕在捕食猴子的时候，头上的毛发就会竖立起来，像一头狮子一样威猛。它这么做其实单单只是为了恐吓那些可怜的猴子。因为在它的心中，它可是菲律宾鸟类的霸主，在捕食猎物的时候，不拿出一点威严来怎么行？

鸟的智慧 ②

● 躲在犀鸟巢附近等待犀鸟，真省力

食猿雕有时候还喜欢吃犀鸟。它抓捕犀鸟的时候，并不是在空中瞭望，而是躲在犀鸟的巢附近，等待着那些前来孵卵的犀鸟妈妈或者是前来喂食的犀鸟爸爸，然后再将它们纳入囊中。它的这种捕食方法大大减少了体力的消耗，而且成功率几乎达到了百分之百，这可比空中觅食省力多了。

动物原来是这样

普通鵟(kuáng)

类目：鸟纲隼形目鹰科

体长：50～57厘米

厉害凶猛的飞行家

普通鵟属于中等体型的猛禽，体色多变，双翼宽大，尾巴较短。猎物主要是那些与它的体型大小不太相称的小动物，例如田鼠、昆虫等；冬季的时候，它也会在地上寻找昆虫和蚯蚓等食用。

● 虽崇尚自由，但也喜欢一同玩耍和御敌

普通鵟是一种崇尚自由的猛禽，喜欢单独活动。但它也不是绝对独处，也会时常参加小群体的鸟生活。由于自然界的生存竞争相当严酷，普通鵟便积累了一系列的生存经验：它知道尽管自己十分强大，却也抵挡不了敌人的围攻，这时候群体的反抗胜算就会更大一些。所以，它也时常会出现在小群体的队伍当中，和伙伴们一同玩耍和御敌。

● 抓蛇有方法

普通鵟的食性非常广泛，除了捕食一些小型动物，有时候也会捕食蛇。我们都知道，捕蛇是一件很危险的事，因为很多种类的蛇都有剧毒，一旦被它们咬了，肯定不能幸免。但这样的问题难不倒普通鵟。它用自己的利爪将蛇从中部抓起，迅速飞离地面。蛇会缠住它的双脚，它却不紧不慢地一边飞翔，一边用脚蹬着蛇的身体，一下将蛇

摔到地面，然后抓起后再摔下，这样反复几次之后，蛇终于没有了力气再反抗，只能乖乖就范了。

● 我是"土豹子"，没事别惹我

普通鵟又被人称为"土豹子"，原因大概是它生性凶猛。说起这个名字，它还真是当之无愧。普通鵟对于那些比较弱小的动物毫不留情，尤其是田鼠。要说田鼠那样小的个头，天地间任何一个地方都可以让它藏身吧，但是不管田鼠躲到哪里，几乎都逃不过普通鵟那双敏锐的双眼，田鼠最终总会落入普通鵟的利爪之中。

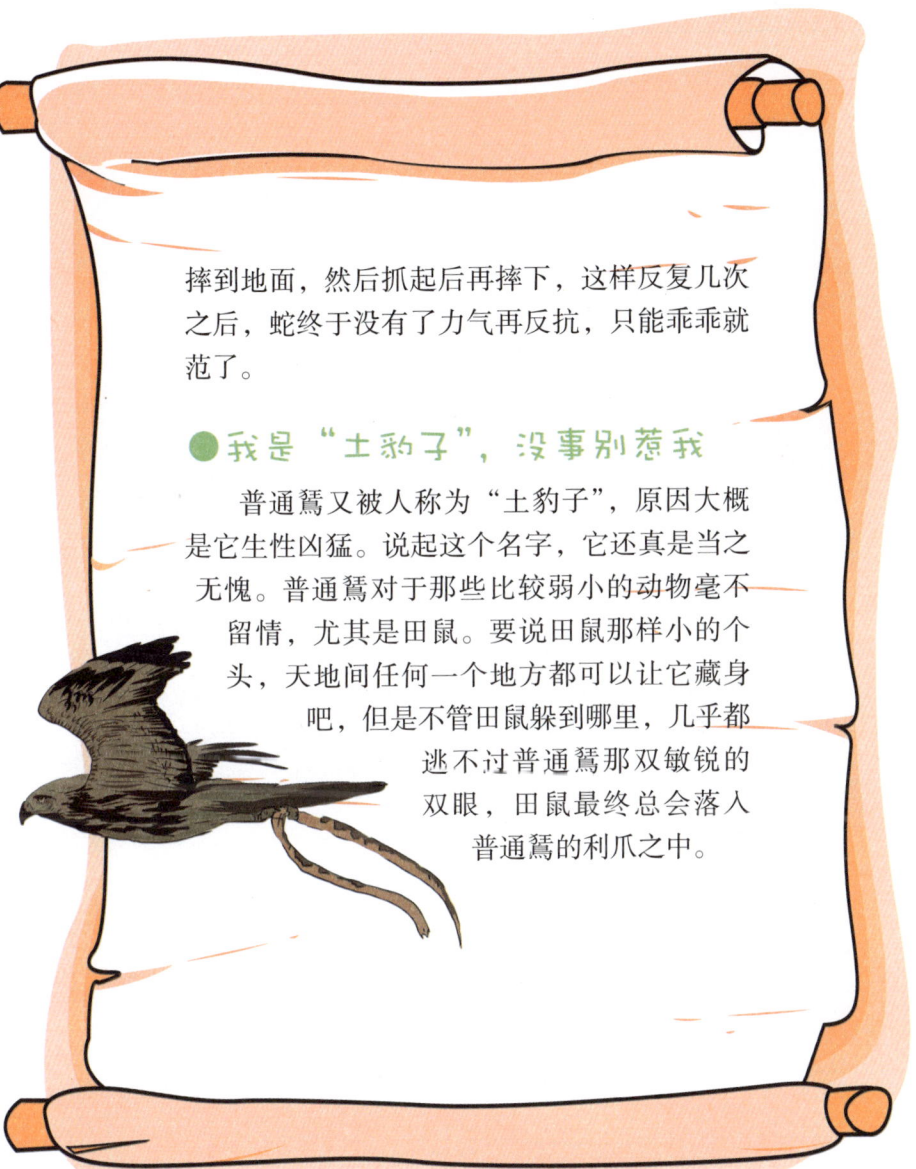